問題解決の進め方

秋光淳生・柴山盛生

(新訂)問題解決の進め方('19)
©2019　秋光淳生・柴山盛生

装丁・ブックデザイン：畑中　猛

s-71

まえがき

　本書は，平成31年度から開講される放送大学の基盤科目「問題解決の進め方（'19)」の印刷教材である。この科目は「問題解決の進め方（'12)」の後継科目である。先行する科目は科目名の変遷はあったが，遠山紘司先生，東千秋先生らによって長きに渡り企画されてきた科目であったが，今回，代替わりとなり，新たなメンバーによって作り直されることになった。先行する科目は一定期間ごとにタイトルも見直されてきたが，担当交代する今回は，先行科目との後継性を大事にする意図から科目名引き継ぎ，「問題解決の進め方（'19)」として作成することとなった。科目名こそ同じであるが，過去の経緯を知る柴山に加え，新たに担当するメンバーによって，独自の切り口が付け加わったと感じている。

　現在，高等教育のユニバーサル化が進み，大学は研究者や専門技術者の養成の場だけではなくなっている。どのような講義内容を提供しているかで評価されるのではなく，どういった学生を育てたのかが問われるようになってきている。まさに，高等教育を提供し育てる学校としての役割が求められるようになってきている。その一つの例が，経済産業省の定義する「社会人基礎力」や文部科学省では「学士力」である。そうした社会的な背景を踏まえ，秋光が担当する章においては，放送大学の基盤科目としての役割から，通信制大学における初年次教育に相応しい内容となることを努めた。また，柴山が担当した個人・グループを中心とする問題解決力の育成に，実際に企業に務める分担執筆者の門奈に社会人としての立場から，組織における問題解決についての新たな知見を加えてもらった。

前任からの打合せの中で、科目名について「問題解決の進め方」も悪くないが、次善案として「問題解決の考え方」でもよいのではという話をうかがった。この科目を履修することで誰かが問題を解決してくれるわけではない。問題を解決するのは自分であり、また、それはどの場合であっても決まったやり方がアルわけではない。問題解決を行うために、どう考えたら良いのか、そして、その方法をどのように改善していくのかを提供するのもこの科目の役割である。

　この印刷教材作成に先立ち、筆者らは先行科目の担当者らと面接授業「問題解決の進め方」を担当し、各学習センターにて面接授業を行ってきた。担当教員ごとに多少の違いはあるが、初日にグループワークを行う上で必要となるポイントを説明する。初日の4コマ目、または2日目からはグループに別れて地域や社会の身近な問題について、問題点と解決策を模造紙に図解し10分弱で発表してもらうという授業である。放送大学の学生は年齢も職業も幅広い。そうした多様な学生が集い楽しみながら熱心に行うグループワークは興味深く、毎回講師も楽しませてもらっている。そこでの経験がこの教材作成に生かされている。

　また、印刷教材の編集を担当してくださった横須賀恒夫さんには原稿の調整に多くの助言をいただいた。放送授業の制作スタッフである瀬古章さん、平井誠さん、菅野優子さんには授業内容についても的確な助言をいただいた。ここに感謝の意を表したい。

2018年12月
秋光淳生
柴山盛生

目次

まえがき　　秋光淳生，柴山盛生　3

1 | 問題とは　　　　　　　　　　| 秋光淳生　11
1．はじめに　11
2．社会で求められる力　12
3．問題とは　15
4．問題の種類　18
5．本書の構成　19
6．まとめ　21

2 | 問題を見つける　　　　　　　| 秋光淳生　23
1．はじめに　23
2．問題解決のプロセス　24
3．見える問題　25
4．現状を知る　26
5．問題を見つける　29
6．まとめ　32

3 | 目標を設定する　　　　　　　| 秋光淳生　34
1．はじめに　34
2．目標を設定する　35
3．制約条件　38
4．解決策を考える　40
5．まとめ　41

4 情報を収集して整理する　　柴山盛生　44

1. はじめに　44
2. 情報を作り出す　46
3. 外部情報を集める　48
4. 情報を検索する　50
5. 情報を整理する　53
6. 事例　55

5 数値情報を扱う　　秋光淳生　57

1. はじめに　57
2. 尺度　57
3. クロス表　59
4. 基本的なグラフ　61
5. まとめ　69

6 図解化して見る　　柴山盛生　74

1. はじめに　74
2. 図解の要素　75
3. 図解のパターン　79
4. 図解の進め方　82

7 分析的に考える　　柴山盛生　86

1. はじめに　86
2. 思考のロジック　87
3. 推論の展開　89
4. 因果関係　91
5. 確率判断　92
6. 選択による決定の方法　93

　　　　7．分析の視点　　95
　　　　8．事例　　96

8 ｜ 学習記録と振り返り　　｜ 秋光淳生　　99

　　　　1．はじめに　　99
　　　　2．振り返り　　100
　　　　3．ポートフォリオ　　104
　　　　4．まとめ　　106

9 ｜ 発想を広げる　　｜ 柴山盛生　　110

　　　　1．はじめに　　110
　　　　2．発想の基礎　　112
　　　　3．発想の技法　　114
　　　　4．図解による整理　　117
　　　　5．事例　　120

10 ｜ 組織での進め方(1)　　｜ 門奈哲也　　122

　　　　1．はじめに　　122
　　　　2．組織運営の進め方　　123
　　　　3．グループワークの進め方　　125
　　　　4．組織における問題解決の考え方　　129
　　　　5．まとめ　　131
　　　　6．事例　　131

11 ｜ 組織での進め方(2)　　｜ 門奈哲也　　133

　　　　1．はじめに　　133
　　　　2．ワークショップの準備　　134
　　　　3．アイディア出しと収束　　136

- 4．振り返りとまとめ　143
- 5．まとめ　144
- 6．事例　144

12　組織での進め方(3)　｜門奈哲也　147
- 1．はじめに　147
- 2．システム思考とデザイン思考　148
- 3．システム思考　149
- 4．デザイン思考　151
- 5．まとめ　155
- 6．事例　156

13　集団の意思決定とコミュニケーション
　　　　　　　　　　　　　　　　　｜秋光淳生　158
- 1．はじめに　158
- 2．社会的手抜き　160
- 3．集団での意思決定　163
- 4．集団の中における自己主張　164
- 5．まとめ　167

14　解決策を実行する　｜柴山盛生　170
- 1．はじめに　170
- 2．作業分担　171
- 3．実行策の管理　173
- 4．会議の技法　176
- 5．事例　179

15 | 評価する　　　　　　　　　　｜ 柴山盛生　182

1. はじめに　182
2. 評価の分類　183
3. 評価の体系　185
4. 評価表による表現　186
5. 数量的な分析　189
6. ORによる評価　190
7. おわりに　192

索　引　　196

1 | 問題とは

秋光　淳生

《目標&ポイント》　この章では問題を発見し解決していく力が社会で求められているということについて述べる。そして，「問題」や「目標」といったいくつかの概念について，その定義を述べる。問題解決を進めるにあたって，この章の学習目標は次の3つである。(1)今の時代に求められる能力について知る (2)問題の定義について理解する (3)問題のレベルについて理解する。
《キーワード》　社会人基礎力，学士力，問題とは，問題のレベル

1. はじめに

　社会は時とともに変化していくものであるが，今という時代は特に変化のスピードが速いと言われる。そして，そうした時代を生き抜く私たちに求められるものも変わってきている。以前，昭和を舞台としたドラマの中で，「そろばんが得意だから経理に向いている」というセリフがあったのを見たことがある。しかし，今の時代にはあまりこのようなセリフを使うことはないだろう。そろばんができなくても経理を担当している人は多くいるだろうし，そもそもの経理業務もコンピュータに代わられて，内容自体も変わってきているところもあるだろう。このように，社会が変わると，かつて身につけたことが通用しなくなっていく。では，今の時代で求められているものとはどのような力なのだろうか。

　そこで，ここでは，こうした社会で求められるものについて概観した後，問題とは何か，その定義について考える。

2. 社会で求められる力

　ここでは，経済産業省の定義した「社会人基礎力」と文部科学省の定義した「学士力」をとり挙げて見てみよう。

　「社会人基礎力」とは，経済産業省が「職場や地域社会で多様な人々と仕事をしていくために必要な基礎的な力」として2006年に提唱されたもので，次のように，3つの能力と12の能力要素から構成されている。

1. 前に踏み出す力（アクション）

　　一歩前に踏み出し，失敗しても粘り強く取り組む力
- 主体性：物事に進んで取り組む力
- 働きかけ力：他人に働きかけ巻き込む力
- 実行力：目的を設定し確実に行動する力

2. 考え抜く力（シンキング）

　　疑問を持ち，考え抜く力
- 課題発見力：現状を分析し目的や課題を明らかにする力
- 計画力：課題の解決に向けたプロセスを明らかにし準備する力
- 創造力：新しい価値を生み出す力

3. チームで働く力（チームワーク）
- 発信力：自分の意見をわかりやすく伝える力
- 傾聴力：相手の意見を丁寧に聴く力
- 柔軟性：意見の違いや立場の違いを理解する力
- 情況把握力：自分と周囲の人々や物事との関係性を理解する力
- 規律性：社会のルールや人との約束を守る力
- ストレスコントロール力：ストレスの発生源に対応する力

　社会人基礎力とは，基礎的な学力（読み書き，算数，基本的なITスキルなど）や専門的な知識（仕事に必要な知識や資格等）とともに，そ

れらをうまく活用するために育成してくことが必要な力であると述べられている（[1]）。

　一方，大学に入ると，人によって異なる専攻分野を学ぶことになる。とはいえ，どの大学のどの専攻で学ぶかによって学位の水準が曖昧であっても良いというわけではない。「学士力」とは，それぞれの専攻分野を通じて大学の学士課程共通で身につけるべき学習成果の参考指針として，2008年に文部科学省の中央教育審議会にて定められたものである。具体的には

1. 知識・理解

　　専攻する特定の学問分野における基本的な知識を体系的に理解するとともに，その知識体系の意味と自己の存在を歴史・社会・自然と関連付けて理解する。
- 多文化・異文化に関する知識の理解
- 人類の文化，社会と自然に関する知識の理解

2. 汎用的技能

　　知的活動でも職業生活や社会生活でも必要な技能
- コミュニケーション・スキル
  日本語と特定の外国語を用いて，読み，書き，聞き，話すことができる。
- 数量的スキル
  自然や社会的事象について，シンボルを活用して分析し，理解し，表現することができる。
- 情報リテラシー
  ICTを用いて，多様な情報を収集・分析して適正に判断し，モラルに則って効果的に活用することができる。
- 論理的思考力

情報や知識を複眼的，論理的に分析し，表現できる。
- 問題解決力
問題を発見し，解決に必要な情報を収集・分析・整理し，その問題を確実に解決できる。

3. 態度・志向性
- 自己管理力
自らを律して行動できる。
- チームワーク，リーダーシップ
他者と協調・協働して行動できる。また，他者に方向性を示し，目標の実現のために動員できる。
- 倫理観
自己の良心と社会の規範やルールに従って行動できる。
- 市民としての社会的責任
社会の一員としての意識を持ち，義務と権利を適正に行使しつつ，社会の発展のために積極的に関与できる。
- 生涯学習力
卒業後も自律・自立して学習できる。

4. 総合的な学習経験と創造的思考力
これまでに獲得した知識・技能・態度等を総合的に活用し，自らが立てた新たな課題にそれらを適用し，その課題を解決する能力

といった4つの分野で13項目から構成されている（[2]）。

　それぞれを比較して，細かく見てみると多少の違いはあるが共通するものも多くあることが見て取れるだろう。放送大学は通信制の大学であり社会で働く人も多い。社会で働くものとして，これらの基礎力を身に着けているのかを確認し，と同時に大学で学ぶものとして「学士力」を

身に着けていくため努力をしていくことも大切であろう。

　社会で必要とされている力について見た。次に，これからの子どもたちについて見てみよう。文部科学省では，2020年から実施される新しい学習指導要領に向けて，2016年に「幼稚園，小学校，中学校，高等学校及び特別支援学校の学習指導要領等の改善及び必要な方策等について」という答申がまとめられている。そこには，「私たち人間に求められるのは，定められた手続を効率的にこなしていくにとどまらず，感性を豊かに働かせながら，どのような未来を創っていくのか，どのように社会や人生をよりよいものにしていくのかを考え，主体的に学び続けて自らの能力を引き出し，自分なりに試行錯誤したり，多様な他者と協働したりして，新たな価値を生み出していくことであるということ」と書かれている（[3]）。基礎学力や知識を身につけるだけでなく，変化する時代にあって，新たな価値を生み出していく人材になることが求められているのである。

　つまり，現在は，主体的に学び続け，多様な人と協働しながら，新しい問題に取り組み解決しようとすることが求められている時代と考えることができるだろう。

3. 問題とは

　問題解決について考えるために，もう少し言葉の定義について考えてみよう。社会人基礎力には「課題発見」，学士力では「問題解決」という表現があった。同じく社会人基礎力では「課題発見力」のところには「目的と課題を明らかにする力」とあり，学士力には「チームワーク，リーダーシップ」の項目に「目標の実現」とあった。問題（または課題）を解決するために目的（または目標）を定めるということなのだろう。

では，「課題」と「問題」とは同じ意味なのだろうか，また「目的」と「目標」はどうだろうか？

言葉の意味を広辞苑で見てみよう。広辞苑第7版によると「問題」とは

① 問いかけて答えさせる題。解答を要する問い。「試験—」
② 研究・論議して解決すべき事柄。「—提起」「人口—」
③ 総論の材料となる事件。面倒な事件。「また金銭の事で—を起こした」
④ 人々の注目を集めている（集めてしかるべき）こと。「これが—の文書だ」

とある。問題解決という意味では②という意味であろう。「課題」とは

題，また問題を課すること。また，課せられた題・問題。「今後に残された—」

となっている。一方「目的」とは

① 成し遂げようと目指す事柄。行為の目指すところ。意図している事柄。「—をとげる」
② ［哲］意志によってその実現が欲求され，行為の目標として行為を規定し，方向づけるもの

とある。ここでは①として考える。また「目標」とは

目じるし。目的を達成するために設けた，めあて。的（まと）。「—を立てる」「努力—」

となっている。どちらも似たような意味であるようには見えるがあえて分けると「問題」があって，具体的に課せられているものが「課題」で

あり，的となる「目的」があって，そのための標（しるべ）となるのが「目標」ということであろう。

そこで，この教材においては先行する科目での定義と同じく，「問題とは現状の状態，ありのままの姿と理想の状態，あるべき姿との間にギャップや差があること」と定義し，「問題解決とはそのギャップ（差）を埋めること」と定義することにしよう（[4][5]）。そして，この教材では問題解決のために具体的に取り組むべき題材を「課題」という意味で使うことにしよう。また，目的とは「あるべき姿」の具体的な「的」という意味で使うこととし，「目標」とはそのための目印という意味で使うことにする。

しかし，問題解決とは，まだ見ぬ姿を思い描き進むこともある。その場合には，あるべき姿，その最終的なゴールまでがはっきりと見えていない場合もあるだろう。その場合に，途中に進んでみるにつれて徐々に見えてくることや，進んでみるにつれて姿を変えて見えることもあるかもしれない。そこで，この教材では「目的」と「目標」を区別せずに，なるべく「目標」という言葉で表すことにする。

「社会人基礎力」で書かれている課題発見力という言葉を見てみると，「現状を分析し目的や課題を明らかにする力」は現状を分析することによって，あるべき姿との差として問題が明らかになり，その上で，目指すべき場所として「目的」が決まり，そのために何をするべきかという課題を見つけるということと考えることもできよう。

この定義のもとで確認しておきたいことがある。よく「生産性が問題だ」や「少子化という問題がある」と表現してしまうと，問題がわかったように思ってしまうかもしれないが，問題だというからにはこうなって欲しいというものと今の状態との間にギャップがあるということであり，その2つの姿をきちんと把握する必要があるということである。例

えば、「少子化が問題だ」いう場合は「出生率（やもしくは子供の数）が本来はもう少し高くあることが望ましいのにそうなっていない」から問題なのであり、その出生率を上げるために解決策を検討するということになるのである。そうすると、「では出生率はどのぐらいの値であればよいのか」を考えるために「現状はどれくらいなのか」を調べる必要があるというように考えが進み、「出生率の値を今よりもよくするために具体的に何をするべきか」ということを考える、というように話がより具体的になってくる。

　問題解決のプロセスについては次章以降で述べるが、ここでは、問題を知るためには、現状を分析するということと、望むべき姿を考えるというプロセスがあるのだということを押さえておこう。

　また、問題の定義について述べた。現状とあるべき姿を探すということであった。しかし、問題の中には「本当はお金持ちの家に生まれたかった」という場合や「姉が欲しい」というように現状を知り、目標を立ててもどうにもならない場合もある。このように努力してもどうにもならないものや解決策のないものについてはこの教材では扱わないこととする。

4. 問題の種類

　ここでは問題を分類し、整理することを考える。自分の周りを見渡してみよう。問題だと思うものとしてどういうものがあるだろうか。それはどのように分類することができるだろうか。

　一つの方法は生じた時間によって分類する方法である。この科目の先行科目では次のように分けている。すでに起きてしまっている発生型問題、より高い到達目標を設定することで見えてくる設定型問題、将来的

に時間とともに問題になるという将来型問題の3種類に分けている（[1]）。すでに起きてしまった場合にはまずはその応急措置を行い，それを踏まえ，原因究明と再発しないための改善策を検討する。一方，設定型の問題については，今のところは順調とも言え，ギャップがないとも言える状態であり，「もっと良くなることはないか」と考えることで問題が浮かび上がってくるものだとしている。そこで，現状をしっかりと分析し，「今のままで良いのか」と自らに問うとともに，また普段から努力を通して「あるべき姿」を描いておくことが大切であるとしている。

5．本書の構成

本書は，問題の発見から解決，及び評価に至るまでのプロセスにしたがって構成している。

まず1章から3章までで問題発見から解決までの一連の大まかなプロセスについて述べる。その後，問題解決に向けた情報収集について述べる。収集した情報やアイディアを整理するための方法として，5章では数値情報の整理の仕方として表やグラフについて述べる。6章ではアイディアや情報の整理だけでなく，問題の全体像を知るにも便利な「図解」について述べる。7章で分析の際に必要となる論理的な考え方について述べる。問題解決のスキルとして求められることは論理的思考によって，現状やその課題を把握し，解決策を検討，実行していくことである。8章は前半部の総括として個人での考え方について整理する。

問題解決は個人だけで行うのではなく，他人と相談し打合せた上で行うことも多い。後半はそうした組織での問題解決について扱う。まず9章で発散，収束を繰り返して発想する創造的な考え方について学ぶ。10

章からの3章では集団でアイディアを出し，またそのアイディアをまとめるための手法や思考の枠組みについて学ぶ。13章ではこうした集団での取り組みを振り返るポイントとしてチームとコミュニケーションについて述べる。14章，15章ではまとめとして，解決策の実行及び評価について述べる。

また，この教材には放送授業があり，いくつかの章の内容に対応した具体的な問題解決事例を紹介している。しかし，事例は複合的なものであり，必ずしもその章で扱う範囲にとどまらない。そこで，次のような視点から事例をまとめ直すことが有効であると考えている。

(a) どのような問題が生じたか。

　問題の発見に関して，個人や組織が置かれている立場から現状をしっかり認識したか。また，取り巻く周囲の環境の変化や動向を正確に捉えていたか。

(b) どのような解決策を考えたか。

　目標がしっかり設定されたか。そして解決に至る手順を考え，示すことができていたか。

(c) 解決の途中で新たな問題が生じていたか。

　解決に向かう途中に，思いもよらずに状況が変化することもある。こうした予期せぬ問題はどのような形で生じたのか。

(d) 当初の問題はどのように解決されたか。

　最初に設定した目標は達成されたか。途中で生じた環境の変化の影響によって，目標が変更せざるを得ない場面が生じたか。そして最終的な評価はどのようになされたか。

6. まとめ

　問題解決ということが求められているということを述べ，問題の定義について説明した。ここで「社会人基礎力」について述べたが，2017年10月に経済産業省を中心に，「必要な人材像とキャリア構築支援に向けた検討ワーキング・グループ」が発足し，そこで，「人生100年時代」を踏まえた「社会人基礎力」の見直しが検討されている。そこで，最新の情報については，文部科学省や経済産業省などのサイトで確認してほしい。

参考文献

[1]社会人基礎力（METI／経済産業省）
　　http://www.meti.go.jp/policy/kisoryoku/index.html
　　（2018年2月最終アクセス）
[2]学士課程教育の構築に向けて（答申）
　　http://www.mext.go.jp/component/b_menu/shingi/toushin/__icsFiles/afieldfile/2008/12/26/1217067_001.pdf
[3]幼稚園，小学校，中学校，高等学校及び特別支援学校の学習指導要領等の改善及び必要な方策等について（答申）
　　http://www.mext.go.jp/b_menu/shingi/chukyo/chukyo0/toushin/__icsFiles/afieldfile/2017/01/10/1380902_0.pdf
　　（2018年2月最終アクセス）
[4]『意思決定の科学』ハーバードA・サイモン著，稲葉元吉，倉井武夫訳（産業能率大学出版部）1979年
[5]『問題解決の進め方』柴山盛生，遠山紘司著（放送大学教育振興会）2012年

[6]第3期教育振興基本計画
　http://www.mext.go.jp/a_menu/keikaku/detail/__icsFiles/afieldfile/2018/06/18/1406127_002.pdf

演習問題　1

1. 今，自分が問題だと思っていることを一つ取り上げ，そのためにどのように取り組むのかを考えてみよう。それを記録しておき，この教材を学習し終わった後に，もう一度見直してみよう。
2. 放送授業の第4回，7回，9回，11回などではいくつかの事例が紹介されている。この章で述べた視点にもとづき，整理してみよ。
3. 第3期教育振興基本計画（[6]）に「社会の現状や2030年以降の変化等を踏まえ，取り組むべき課題」として社会の課題についての記載がある。どのような課題があるか確認してみよう。

解答
1. 「放送大学で学んでいて思うように学習が進まない。そこで，学習スケジュールを立ててみる」など。
2. （省略）
3. （省略）

2 | 問題を見つける

秋光　淳生

《目標&ポイント》　問題とは現状とあるべき姿とのギャップであり，その差を埋めることが問題解決であると述べた。では，どのように問題を見つけ，どのように解決をしていくのだろうか。まずは，この章では問題解決のプロセスについて概観したのち，問題の見つけ方として，現状分析や問題意識について述べる
　この章の学習目標は次の3つである。(1)問題解決のプロセスについて知る。(2)現状を把握することについて知る。(3)問題の見つけ方について考える。
《キーワード》　PDCAサイクル，現状の把握，「不」のつく字

1. はじめに

　前章では，問題の定義について述べた。問題解決とは現在の姿と理想の姿とのギャップを埋めることである。しかし，その問題解決のプロセスは，運や勘といったものに頼るものではない。論理的に物事を考え，組織であれば，人と協力して行うものである。そのためには，頭の中の考えを形として表すことが大切であり，判断を求められる場合には根拠をもとに行うことが必要になろう。
　こうしたことを行うことができるようになるために身につけるべきことを4章以降で述べていく。その前の2，3章では問題解決のプロセスを見ていこう。この章では，まず，全体の問題解決の流れを概観したのち，では問題をどのようにして見つけたら良いのかについて考えてみよ

う。

2. 問題解決のプロセス

　1章で問題とは理想と現実のギャップと述べた。問題を解決していくプロセスを，例をもとに考えてみよう。
(1) 問題：「お昼にお腹が空いたと思う。」
　　　解決策：食事に行く
　空腹で困っているというギャップを埋めるためにご飯を食べる。これは問題と思う事柄があり，解決策がすぐに浮かぶものである。
(2) 問題：「ある場所Aに行きたい」
　　　解決策：バスで行く，電車で行く
　　　判断材料：時間，料金
　これは解決策が複数あって，それを検討して決定するという手順があった。もう少し複雑な状況を考えてみよう。
(3) 問題：「どこか体に不調を感じる。」
　　　対応：不便ではなかったので気にしないで放っておいたが，ある時医者に行って調べてみた（分析）。
　　　経過：その結果，想像していなかった病気が原因であることがわかる。
　　　解決策：すぐに回復することは難しいので，これから病気の根本原因を治すべく薬を飲むことにする。
　これは，どこか問題があると思い，医者という人の力を借りて原因を分析して，問題となっている点を発見して，それに向けた解決策として薬を飲むということを行ったというように見ることができる。このようにして考えると，問題解決のプロセスとは，まず，

(1) 問題について知る。現状と理想の姿について詳しく知る
(2) 問題が起きた原因について知る
(3) 最終的な到達地点まではいかなくても目標を定める
(4) その目標に向かって解決策を考える
(5) 解決策について検討したら，それを実行し検証する
という手順があると言えるだろう。

3. 見える問題

1章で述べたように問題とは現状とあるべき姿との間にギャップがある状態であり，問題にはすでに発生してしまったというタイプの問題と自分が発見したり設定したりすることで見つかる問題があるということを述べた。このことをもう少し詳しく見てみよう。問題が発生するとはどのようなことだろうか。そこで，組織や個人にとって今の状態に満足しているという状態があるとしよう。本来あるべき姿にはたどり着いていない状態でも，通常許容できる範囲にあれば気づかないこともある。しかし，問題が発生しているとは，自分や組織が現状に許容できる状態でない何かがあったということでる。それを図で書くと下のようになる。

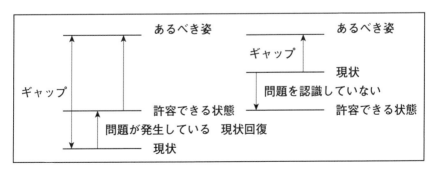

図2-1　問題と現状

例えば，自分の机のことを考えてみよう。本などが積まれ，きちんとしないといけないと思っている。とはいえ，まだ作業する余地があり，現状では問題はないと思っている。そう思っているとある時，机の上のコーヒーが入ったコーヒーカップを倒してしまう。コーヒーカップを倒した時点で問題が発生している。ひとまず，現状を回復するためにこぼしたコーヒーを拭くなどの対応を行う。もし，時間的に余裕があればそれを機に机をきちんと掃除をするかもしれない。また，月に決まった収入があるとする。給料をもらった直後は残額にも余裕があり，現状は許容できる状態にあると言えるだろう。しかし，最初に勢い良く使ってしまうと，残額は減っていき，残りの月の日数に必要な額よりも少なくなってしまうかもしれない。このように，現状では許容できる範囲にあっても，徐々にそのレベルが許容できないレベルへ向かっているとしたら，将来的には問題になると判断できると言える。

　そこで，何か問題が起きた場合には，まずは起きてしまった状態から復旧作業をすることになる。その後に，その起きたときの状況はどうだったのか，どのような状況であったから問題になったのかを振り返り，確認しておくことが大切である。

4．現状を知る

　このように考えてみると，発見，設定型の問題を見つけることの困難さとは，現状を正しく知り，また，理想の状態を見つけることの難しさがある。現状を知るためにどのようなことをしているだろうか。そのための方法をいくつか述べる。

(1) 100％でなくても良いから書き出してみる

　　現状を把握するためには，まずは形にしてみることが大切であ

る。頭のなかでわかっていると思ってもすぐに忘れてしまうし，その際に，最初に書き出すことが100％でなくても良い。形にしておくと後から見直すこともでき，そこで追加することもできる。仕事の場合には日誌をつけるようにする。

(2) 5W1H，6W1H，6W2H，6W3H を補う

通常，日本語では主語を省略することが多い。文にしてみると省略している項目も多い。状況を把握するための要素として，英語の疑問詞を並べた 5W1H や 6W2H が知られている。

自分で自分に質問することを考えてみよう。どういう質問が答えやすく，どのような質問が答えづらいだろうか。質問の内容にも依存するが，「はい」や「いいえ」で回答できるものであれば容易に，次に，「いつ」「どこで」「誰が」「誰に」といった具体的なことであれば回答しやすいが，いきなり「なぜ？」「どう？」という質問に回答することは難しいだろう。そこで，まずは具体的なことから情報を増やしていくと良いだろう。

表2-1　6W1H（3H になると How much，How many が加わる）

When	いつ	時期，期限
Where	どこで	場所，位置
Who	誰が	個人名，組織名
Whom	誰に	相手，人数
What	何を	内容，種類
Why	なぜ	動機，背景
How	どのように	手段，進め方

(3) 意識的に言葉の意味について考えてみる

1章では問題などいくつかの言葉を定義した。日本語でよく使わ

れている単語でも，どういう意味かをあまり考えずに使っていることもあるだろう，よく知られている常套句もその意味について深く考えたことがないということはないだろうか？言葉にするのは，状況を表現してそれを元に考えることが狙いであるはずなのに，何となく知っているという言葉でも表現してしまうとそれで満足してしまい，そこで考えが止まってしまうということもある。その言葉を辞書で調べ，またその類義語を調べるなどして，自分の状況をしっかりと表せる努力をしてみよう。また，人と話をしているときに抽象的な言葉の場合に，相手とイメージしていることが違うということもある。本当に同じ意味で使っているのか確認してみることも大切である。

(4) 定量的に測定できるものはないか考える

　先に，月に決まった収入がある例について書いたが，その金額で問題が生じるかどうかを知るためには，日々どれだけのお金を使っているのかを記録すると良い。そうすることで，必要最小限の生活費がいくらであって，遊興費にどれだけのお金を使えるのかがわかる。毎月記録していくことで，自分自身の使い方の癖にあたるものも見えてくるだろう。また，例えば体重を減らしたいという場合には毎日決まった時間に体重計に乗り日々の記録を残しておく。どのような食事を取り，体重が増えているのか減っているのか，それを把握し，食べすぎているようであれば減らすといった対策が取れるようになる。このように記録を残し，そのデータを分析することで自分自身を知ることができ，改善点も見つけられることになる。

　と同時に日々の自分の記録や職場の状況をどのようにしたら把握できるか，そのために日々図れるものはないかを考えることが大切だろう。

(5) 根拠を探す

　現状に関して自分がこうであると判断しているものは果たして正しいだろうか。もしかしたら，それは自分の思い込みかもしれない。例えば，自分の周りと比較して自分は背が低いと思っていたとしよう。しかし，それは周りに背が高い人が多くいるだけで，平均身長よりは高いのかもしれない。このように判断には根拠が必要であり，そのためには学ぶ，調べるということも必要になる。

5. 問題を見つける

問題を見つけるためには問題意識をもつことが大切である。

(1) 主体性を養う

　問題意識とはなんだろうか？広辞苑第7版によると，「事態・事象についての問題の核心を見抜き，積極的に追究しようとする考え方」とある。つまり，問題の核心に向けて積極的に考えていこうとすることである。そのためには主体的に考えていくことが大切である。広辞苑で「主体的」を調べると，

① ある活動や思考などをなす時，その主体となって働きかけるさま。他のものによって導かれるのでなく，自己の純粋な立場において行うさま」。「―な判断」「―に行動する」

② 主観的に同じ。

とある。1章で述べた社会人基礎力の中にも「物事に進んで取り組む力」とある。組織においても，上司から指図されて行い，問題についても誰かが解決してくれるだろうと思うのではなく，自分に関わることとして捉えていく姿勢が求められていると言える。

(2) 疑問を持つ

　上司や先生から与えられた課題に取り組むことではなく，自分に関連する物事として考えたら，次に行うのは自分の置かれている状況について，「変更の余地のないものなのか」「このまま維持されていくものなのか」「何か良くすることはできないか」などと疑問をもつように心がける。

　また，自分が当たり前と思い受け止めている事柄はないかを考えてみる。そしてそれを見つけたら「なぜそれが成り立っているといえるのか」という根拠を探してみる。「人から言われたから正しい」と思う事柄は「その人だけ」が言っていることかもしれない。自分で考え，自分で判断するためには，自分が何を根拠にしているかを考える習慣をつけることが大切である。

(3) 今より一歩上を考えてみる

　問題とは現状とあるべき姿とのギャップであるが，あるべき姿について，到達時点が最初から具体的に見えているかという，そうではない。一歩，先に進み，そこからまた新たな改善点を見つけるということもある。そこで，まずは現状より一歩上の状態を考えてみて，現状に改善できる点はないか考えてみる。

(4) 日常生活を見直す（PDCAサイクル）

　普段忙しい人が，急に時間ができて，一人で何もかもやろうとすると意外に困ることも多い。まず朝起きて何をしようか。朝食は何をしようか。掃除をしようか。それとも出かけようか。決めなければいけないことが多いとそれだけで疲れてしまう。仕事などにおいては，決まった手順（**ルーティン**）がある方がそのことに集中できるということもある。逆に，いつもやることが決まっていると，ではなぜそれをしているのかを意識しなくなるということもあるだろ

う。例えば，工場において何かを作るということを考えてみよう。機械を回し，材料を入れると製品ができ上がる。しかし，ただやみくもにそれを繰り返すだけでは，品質を維持し，効率を高めることは難しい。生産や品質管理を管理する分野ではPDCAサイクルというプロセスが知られている。それは次のように4つの英単語の頭文字を取ったものである。

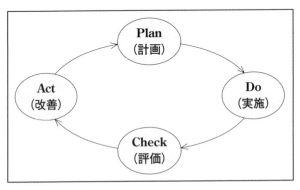

図2-2　PDCAサイクル

1. Plan（計画）：どのようなことを行うのか計画を立てる。一度改善までのプロセスを経験したあとには，改善案を実行するための計画を立てる。
2. Do（実施，実行）：計画にもとづき実行する
3. Check（評価）：実行結果が計画どおり行ったのか，その結果がどうだったのかについて評価する。
4. Act（改善）：計画通り行かなかったことがあった場合に改善点について検討する。

このサイクルを回し，予定どおりに生産できているのか，改善できる点はないかと，螺旋階段を上がるようにレベルを改善させ品質

や生産性の向上を図るのである。では，自分の日常ではどうだろうか。何か自分が行動していることについて，どのように計画し，どのように行動しているか，見直してみる。

(5) 不のつく字

問題を見つけることに慣れていない人に向けての取り掛かりとして，この科目の先行科目で取り上げられていたものが，「不」のつく漢字から探すという方法である（[2]）。例えば，不満，不足，不安といった漢字がある。不満があるということは満足していないということであり，そこには現状との間にギャップがあるということである。そこで，個人で不満はないだろうかを考えてみる。もしそこで何か思いついたものがある場合には，では満足できる状態というのはどういう状態なのかについて考えてみる。他にも，「勉強していて単位が取得できるか不安がある」というようなことが思いついたとしよう。その場合には，では安心できるとはどういう状態だろう。単位を取得できるような学力を身につけた状態であるそこで，個人で不満，不足，不安，というもので思いつくものがないかを考えてみる。個人の場合と同じように，では組織にとっては何か不満，不足，不安などがないかを考えてみる。

6. まとめ

問題を発見する方法について述べてきた。問題には様々な人に関わる大きな問題から自分自身のことに関する問題まで様々である。そこで，現状とあるべき姿を見つけるための方法について述べた。漠然と理解はできても，具体的なイメージがわかないということもあるかもしれない。

また，ここでは問題解決の手順について述べてきたが，ここで述べた問題解決の手順とは，この手順書に従って行動すれば必ず問題が解決する万能のマニュアルでもない。とはいえ，何の手順もなく進むということも難しい。そのための一つの目安とも言えるものであり，それぞれの問題としっかりと向き合うということも大切であろう。

　その意味では，3章までの部分は全体の導入という意味もある。一通り最後まで学んで見たあとに，あらためてこの章を読み直してみることも良いのではないかと考えている。

参考文献

[1]『いかにして問題をとくか』ジョージ・ポリヤ著　柿内賢信訳（丸善出版）1954年
[2]『問題解決の進め方』柴山盛生，遠山紘司（放送大学教育振興会）2012年

演習問題 2

不のつく字を元に問題を3つ挙げよ

解答

　不便：単位認定試験の日程が決められていて，仕事との都合がつきにくく不便だ
　不安：単位認定試験に向けて不安
　不調：パソコンの調子が悪い

3 | 目標を設定する

秋光　淳生

《目標&ポイント》　問題について定義し，問題を見つける方法について述べた。ここでは具体的な目標を設定し，解決する際に行動を制限する制約条件について述べる。また，解決策を検討するための方法について述べる。
　この章の学習目標は次の3つである。(1)目標について理解する。(2)制約条件について理解する。(3)解決策について検討する。
《キーワード》　目標，目的，制約条件，S.M.A.R.T.

1. はじめに

　問題解決について見てきた。問題が何かわかったらとりあえず行動するのではなく，問題を見つけることができたら，目標を見つけて解決策を検討する。その後のプロセスについて見てみよう。
　例えば，A君は放送大学に入学して卒業を目指している。以前，一度放送大学に入学してすぐに卒業しようとして1学期に可能な限り単位を取ろうと思い，10科目ほど履修したが，印刷教材を読もうとしてもやる気が出ず，忙しさもあって，あまり勉強をせずに時間を過ごしてしまった。学期の途中に通信指導問題の提出があるが，いくつかは記述式の問題である科目は郵送で送らなければいけないものもあるようだった。択一式で回答するものはWebで提出するのでとりあえずボタンを押して提出してみたが，解説を見てもよくわからなかった。色々困っているうちに試験日を迎えた。ただ，試験日に急に仕事が入ってしまい，少なからず自信のある科目のときに限って試験を受けることができず，結局単

位がとれずに終わってしまった。

　この中で何を問題とするかを考えると，色々あるかもしれない。科目を履修して単位を取ること。科目の内容を理解すること。卒業までにどれだけ単位を取ればよいのかを知ること。放送授業や面接授業，オンライン授業など放送大学の学習の仕組みを理解すること。忙しくて勉強する時間が取れないこと。時間を見つけて勉強することなど。

　このように問題となることが上がったら，他にないか色々と考えてみよう。そして，それが終わったらそれらの関係を整理していこう。大まかな問題はより細かく分けることができないかを考えてみる。抽象的なものはなるべく具体的に分けてみる。そのようにして分けたら，ものとものの関係を見てみよう。特に何が原因で何が結果になるのか，因果関係について考える。アイディアを出して整理する方法については4章以降で学んでいくが，ここでは，まず卒業よりも具体化して，「放送授業で単位を取る」ことを考え，「きちんと勉強して単位を取るのに必要な学力を身に着けて単位認定試験に臨み，単位を取得する」という課題について考えてみることにしよう。

2. 目標を設定する

　こうなったら良いと思う理想の状態が見えても，何かことを起こさないと解決はしない。解決策を考えるためには，いつまでにどこまで達成させるのかと目標を定める必要がある。1章では目的と目標について述べた。標とは「しるべ」であり，進み具合を確認するための指標にもなり得るものである。ボウリングを思い出してみよう。ファウルラインから真ん中にある1番ピンまでの距離は約18メートルあり，慣れていない人にとっては，ピンを目掛け投げてコントロールするのは難しい。一

方，ボウリングのレーンには約4メートル先にスパットと呼ばれる矢印の形をした印がある。そこで，通常はスパットを目指して投げる。レーンの真ん中に立って投げる場合には，右利きの人が持つボールは中心よりも右にあり，真ん中のスパットを通るように投げると，ピンに届く頃には左にずれてしまう。そこで中心よりも何個分か右側のスパットを目掛けて投げる。いつも投げる軌道が同じになるようにしていけば，スパットを目印として利用できるようになる。このように，遠くにある目的を目指すよりは身近な目標を利用する方がよい。

この講義は放送大学の放送授業になっている。放送大学の放送授業は印刷教材と放送教材をもとに学習を進めることになる。インターネットを利用できる環境にあれば，在学生には講義がネット配信で提供されているので，「いつでもどこでも」学ぶことができる。しかし，自分のペースで学ぶことに慣れていない学生にとってはどう学んでよいか難しい。放送大学では，放送授業が流れる曜日をペースメーカーとして用いている人も多い。

このように，ただ，目指すべき漠然とした方向に向かって行動するのではなく，具体的な目標を設定することが望まれる。目標を設定する際に気をつける事柄として，5個の英単語を並べたS.M.A.R.T.ということがよく使われる。5個の英単語は，使われる状況によって，いくつかの種類がある。それについて見てみよう（[1][2]）。

(1) Specific：目標は抽象的なものでなく，具体的なものを設定する。他の例としてはStrategicとして戦略的にというものが使われることがある。同時にいくつかの目標が見つかった場合には，それを一つに並べ，優先順位をつけ目標間の関係を考えながら戦略的に選んで決めることが必要なこともある。

(2) Measurable：測定できる目標を設定する。「昨日より少し上達す

る」という目標では達成したかどうかがわからない。そこで，1週間で1章分勉強するというように効果などが達成したかどうかがわかるようなものであるとよい。

(3) Agreeable：他の人が見て認めることができる目標を立てる。「昨日より少し上達する」という目標を立てて，自分としては目標を達成したと思っても周りから納得してもらえないこともあるかもしれない。自分だけの判断で進めていると独り善がりに陥ってしまうかもしれない。そもそもあるべき姿とは自分だけが納得すれば良いものなのかを考えておく。また，集団で何かを成し遂げる場合であっても，自分一人だけができているということにならないようにしなければならない。そのためには，客観的に根拠が出せるような目標を立てると良い。

　他の例として，集団での目的を管理する場合には，Assignable として担当を特定するという意味で使う場合や，Achievable（Attainable）として達成可能な目標を立てるという場合もある。

(4) Realistic：現実的な目標を設定する。次節で述べるように問題には色々な条件がつきまとう。例えば10人で行う場合には2日かかる業務であっても，手が空いている人が揃っていないという場合もあるかもしれない。このように利用することのできる資源を使って達成可能な目標を立てる。似た意味として，合理的な（Reasonable），関連する（Related），結果から考えた目標にする（Result-based）といったものが使われる。

(5) Time-Bound：締め切りがある。他には，Time-Related として，いつ目標を達成するのかを特定すると意味で使われることもある。また，Timely として今の時期にあったものという意味で使われることもある。もし，締め切りが決まっていない場合であっても，解決

までの時間が長くなりすぎないように，また，ある段階で区切りをつけられるように期限を設定しておくことが大切であろう。

　これらをまとめると，あるべき姿をなるべく具体的に思い描く。その目標は達成可能か，そして達成したということはどのように判断できるのか，自分だけで判断するのではなく他の人が見ても達成したといえるのか，客観的な根拠を探すことはできるのか。また，いつまでに達成すればよいのかということを考えることになる。複数の目標が見つかった場合には，それぞれの目標に関連はあるかを考え，優先順位をつける。

　優先順位のつける判断材料としては，重要性，緊急性，コスト，負担，難易度といった項目がある。問題点が見つかり，何か対応策がわかると，とりあえず急いで動いてみたくなるかもしれないが，一度目標を整理することも大切な作業である。

3. 制約条件

　1章から3章までで問題解決のプロセスについて概観した。放送大学で単位を取るために勉強をするという場合であっても，多くの学生は働きながら学んでいる。仕事や家庭でやることがあり，十分な勉強時間を確保できないこともあるだろう。このように問題解決にあたっては，全エネルギーを注ぐこともできず，一定の条件のもとで目標に向かうということが多い。こうした目標に向けた行動に制約をかける条件のことを**制約条件**という。制約条件には「何日の何時までに何人で実施する」というような定量的な条件と「クライアントが満足する」というような定性的な条件がある。制約条件を検討せずにいると，解決に向けて動いてから困ることもあるので，事前に検討しておくことが望ましい。制約条件を考える場合も 6W3H を考えるとよい。

- When：いつまでに問題を考える時間，解決策を実行する時間など
「〜までに」「〜以降」「〜から〜の間」
- Where：問題が発生している場所，関連する場所など
「〜で」「〜の周辺で」「〜から〜にかけて」など
- Who（Whom）：問題を解決する人，影響を受ける人など
- Why：理由，解決にあたる人の動機づけ
- What：解決する上で満足すべきことはないか
- How：解決を図るための方法，調べるための方法など
「直接的な方法」「間接的な方法」「副次的作用のある方法」
- How Many：解決を図るための労力，人数や問題を考える人
「最低限必要な手順労力」「効果を最大にするための労力」
- How Much：問題を調べるための経費，解決策を実行する経費など
「〜万円以下で」「対費用効果」「時間と労力とを交換する費用」

　解決にあたる期日を短くするために対応する人数を増やせばその分経費はかかるというように，制約条件の中には他の条件と関連するものもある。一通りの条件を上げてそれぞれの関係を整理しておくことが望まれる。また，制約条件に似たものとして**前提条件**がある。制約条件が外部からの制約であるのに対して，前提条件とはその問題解決を行う段階であらかじめ成立している条件のことであり，問題に関わる人にとっては「当然成り立っている」と思っているものである。しかし，人によっては，その当然が異なっている場合もある。また，当然であるがゆえに忘れてしまっている場合もある。例えば，50年以上前であれば，人口が増えていくと思われているが，現在は子供の数が減り人口が減っていくことが前提となっている。このように当たり前と思っていることが変わっていくこともある。そのためにも「そもそもの」条件を考え，検討しておくことも大切である。

4. 解決策を考える

　問題解決のプロセスについて見てきた。まず，現状と理想の姿について知り，具体的な目標を定め，その目標に向かうための制約条件について考えた。これらの後に解決策を考える。個人の問題を解決する場合には，解決策も一人で考えることになるが，複雑な問題になれば，目標や制約条件なども一つだけではなく複数あることになるだろう。時には，根拠を探してさらなる情報収集をすることもあるだろう。そうして増えた情報を整理していくことになる。整理するためには頭の中だけで行うのではなく，きちんと書き出し，目に見える形で行う方が良い。例えば，付箋であれば剥がして移動させることもできるので，付箋にアイディアを書いておく。その際，一つの付箋には複数のアイディアを書くのではなく，一つの項目を書くようにする。大学ノートでは1行の巾は6mmや7mmが一般的である。グループワークでは複数の人に見せることが前提になるので，ある程度大きなサイズの付箋を使うことになるが，一人でノートなどに貼るのであればノートと同じぐらいの字でもよいだろう。一つの文を書けるサイズの付箋を用意しておくのもよいだろう。具体的な方法については，4章以降で学ぶ。

　整理されたら解決策を考える。個人で考える場合には，問題を分析し整理したら，ひとまず時間を置いて見直すことも有効である。解決策を考える時には，思わぬことがヒントになる場合もある。しかし，一人で熟考しているとどうしても見方や考え方が固定してしまうこともある。そこで，緊急性が高い場合でなければ，一気にすべて行うのではなく，時間を置いて見直してみることも有効である。アイディアを出すときは，質より量でまず多くのアイディアを出してみる。また，集団でやる場合であっても，アイディアを否定することなく，異なる立場や見方か

らの多様な意見を出すと良い。アイディアを出し整理する方法については9章以降で学ぶ。

　問題解決に当たる上でもう一つ検討するべきことが不測の事態に対する対応である。問題解決に向けた行動をしている間も自分を取り巻く環境は変化している。例えば、放送大学の放送授業は一度制作すると同じ科目が4年間流れる。制作に向けて準備をし、制作段階で最新の情報を取り入れていても開講後には古くなってしまうこともある。その場合には、変化しても都度変更をしなくても良い内容に検討し直すこともある。金銭的な条件では為替レートの変動やルール面では法律の変更といったことも起こり得る。こうした外部要因による変化についてはなるべく状況を調べて計画を立てる必要がある。また、締め切りを決めて徹夜で作業していたら疲労で倒れてしまう。頼りにしていた人がたまたま病気になってしまうということもある。また、薬に副作用があるように、解決に向けて作業をした行為が他に影響を与えてしまうこともある。

　リスクはその発生確率とその影響を踏まえてリスクを評価し、低減する努力をしたり、そのまま受け入れたままにしたり、といった対応をする。

5. まとめ

　1章から3章までで問題解決のプロセスについて概観した。問題を発見し、問題について情報を収集する。
(1)　問題について現状を分析する。
(2)　目標を設定する。
(3)　制約条件について考える。
(4)　解決策を考える。その際にはリスクについても考慮する。

(5) 実行して，その結果についてどうだったのかを検証する。

という手順であった。途中には細かいことも述べたが，ものを見ていく場合には，いきなり細かいところから考えるのは難しいかもしれない。その場合には，大きな問題から捉えて，徐々に詳しく見ていくことができるものである。自分が大まかに捉えているのか，全体の中の一部分について詳しく見ているのか，集中していると今の自分の位置がわからなくなってしまうこともある。頭の中だけで考えるのではなく，記録として残しながら考えていくことが大切であろう。

次に，問題解決の一連のプロセスを見てきたが，こうした一連の作業は手順を聞いてすぐにできるものではなく，繰り返して行うにつれて精度が高くなるものである。最初から完全を目指しすぎない気持ちを持つのもよい。

特に，分析を行うためには，情報の収集や定量的な考え方，アイディアの論理的な考え方と図解についての知識が必要となる。そこで次章以降では問題解決を行う上で身につけるべき事柄について述べていく。ひとまず個人での問題についてイメージしながら4章以降に取り掛かってもらいたいと思う。

この章では，目標を設定することについて述べた。遠くにあるゴールに対して，その途中に具体的で到達可能な目標をつくる。それによって，そこへ至る道が見えてくる，その到達点にたどり着いたら次の目標へ向けて道を作る。問題解決に慣れていない場合には，その目標にたどり着いたかどうかだけに意識が向かうかもしれない。しかし，どのようにその道を進んできたかという過程へと目を向けることも大切なことである。徐々にそのようなことにも意識ができるとよいと思う。

参考文献

[1] 『Essential Guide to Leading Your Team : How to Set Goals, Measure Performance and Reward Talent』Graham Yemm 著（FT Publishing International）2012年
[2] 『The Power of SMART Goals, The : Using Goals to Improve Student Learning (Classroom Strategies)』Anne Conzemius, Jan O'Neill with Carol Commodore and Carol Pulsfus 著（Solution Tree Press）2009年
[3] 『いかにして問題をとくか』ジョージ・ポリヤ著　柿内賢信訳（丸善出版）1954年

演習問題 3

1. いくつかの辞書で「目的」と「目標」について調べてみよう。
2. 自分が抱えている問題について目標と制約条件を整理してみよう。

解答

1. （省略）
2. （省略）

4 | 情報を収集して整理する

柴山　盛生

《目標&ポイント》　問題解決においては，関連する情報を探して集め，それらを目的に応じて整理することが必要である。はじめに収集の目的，外部資料の活用について考えた後，情報を作り出す方法，外部情報の活用の仕方，情報検索の方法について学習し，最後に，整理の仕方，考え方，集めた情報の検討などについて理解する。
《キーワード》　情報収集，外部情報の活用，情報検索，情報整理

1. はじめに

1-1　収集の目的

　問題解決では，問題の内容を明らかにしたり，解決策を考えたりするために，関連する情報を集めることが必要である。まず，問題を定義する場合，現状，目標，前提条件などを明らかにするため多くの情報を必要とするが，当初は十分な基礎知識があるとは限らず，まず情報をそろえることから始まる。さらに，問題が起きる原因を探りその解決策を考えるためには，因果関係や制約条件を基に検討するが，そのことの根拠となる専門的な情報や妥当性をもつ情報も追加しなければならない。

　調べる対象に関して元々の情報を**一次情報**，それをまとめたり加工したりしたものを**二次情報**という。問題の内容によって，外部から得られた少ない二次情報でも十分役に立つこともあれば，自分で調査や実験を行って詳細な一次情報を作り出さなければならない場合もある。問題を明らかにしたり解が適当かどうかを判断したりするのは，集めた情報の

内容の適合性や信頼性によるところが大きい。そのため，先入観をなくし，収集する情報に対してできるだけありのままの状況を把握して，適切に記録・整理することが重要である。

1-2 外部情報の活用

情報収集について，従来からの方法としては，問題について実験や調査を行って自分で情報を作り出すもの，資料を収集して情報をまとめるものなどがある。最近では，ネットワークを通じて情報検索を行い，効率的に情報を収集する方法が普及している。

本来は，自分で問題に合わせて最適な情報を作る方が妥当な場合が多い。しかし，広範にわたり最適な情報を求めることは，多くの時間や経費がかかることや技術的な困難さが伴うので，なかなか容易に実施できない。このため，できるだけ多くの情報を外部から集めて代用したりまとめ直すことが行われている。このように外部の情報を活用する場合，どのようにすれば信頼性が高く，時間や労力などをできるだけ少なくして入手できるかを考える必要がある。

それには，必要な情報がどこでどのように発生しているかの手がかりを求めていくことから始める。そして，送り手は誰か，それを生産・発信する目的は何かなどの送り手の分析を行う。

また，情報はいつ作成され，内容・分量はどのくらいか，誰を対象としたものか，どのような方法で情報が生み出され，精度はどの程度かなどの情報の背景について確認することが必要である。そして，流通過程における試料，文字，数値，図形などの情報の形式，伝達する媒体，伝達される頻度，流通経路などについて調べることも重要である。

2. 情報を作り出す

　必要な情報を新たに作り出す方法として，ここでは，実験，実地調査，インタビュー，アンケートによる調査など代表的な情報収集の方法について説明する。

2-1　科学実験と社会実験

　科学技術分野では，同じ条件下でいつも同じ結果が得られるような再現性や，誰が見ても納得するような客観性が重視される。ここでは，対象物やその環境条件を十分に制御して実験を行い，精度の高いデータを収集することを行う。このため，試作品を製作したり，高度な測定装置を使ったりして，情報を集める。

　これが人の行動様式や環境から人への影響などの実験室では得られないような社会的，複合的な現象を調べる場合，実際に近い条件の下での試行すなわち社会実験を行う。

　これらの実験では信頼性を高めるために，ある特定の条件が加わる実験群と比較のための統制群に分けて比較する方法がよく用いられる。

2-2　実地調査

　実験のように人為的に一定の条件が作り出せない場合，その状況が発生した，または発生している場所に赴いて調査を行う。

　この調査では，現場の状況を直接観察や測定することによって，間接的な情報では得にくい原情報や，実際の試料などが入手できることが利点である。そのような反面，現地に出向くため調査にある程度の費用，時間，人員，手間などがかかることが見込まれる。

　ここで，観察とは，対象に手を加えずありのままの状況にして情報を収集するのが特徴である。その結果を，ノートやカードに記録したり，写真やビデオに撮影したりする。

また，調査では，作業効率を考えて，あらかじめ測定する項目や分析する内容を決めてから対象に接して，調査の目的に必要なデータや試料を収集する。調査対象によって，場面の流れに沿って移動するものや一定の場所で時間経過を観察するものなどがある。

2-3　インタビュー

　これは自由面接調査といい，問題を直接観察することが困難な場合，実際の状況を把握している情報の保有者，現場の管理者・担当者等に会って必要な事柄を聞くことを行う。調査には時間的な制約があり，事前に面接時間・場所を調整し，質問項目を決めて調査の目的を達せられるように，効率よく進めることが必要である。特に，調査員と対象者とが地理的に離れている場合は電話などで実施することがある。

　なお，個人面接では本音は聞きやすいが時間・手間がかかり，集団面接では，一般的な情報は聞きやすいが，被面接者が同席者を意識して立ち入ったことはあまり答えない傾向があることが挙げられる。

2-4　アンケート

　これは調査票調査ともいい，質問項目をあらかじめ文章化し，それらを調査員が聞き取りを行うか，質問票を，郵便や電子メールで照会する。インタビューに比べて回答者の数を増やすことができるのが利点である。回答を統計的に処理する場合は，統制する標本の属性に考慮して抽出する対象者のサンプル数や階層化に注意することが必要である。

　なお，調査員が質問票を十分に検討しなければ，回答者が質問の意味を取り違えたり回答しない項目が増えたりするなどの結果に欠落や不備が生じる調査となるので注意する。

3. 外部情報を集める

ここでは，外部から間接的に情報を得る方法として，出版や放送などによって発信されている外部資料の収集について説明する。

3-1 新聞

毎日大量に発行されており情報へのアクセスが容易なものの代表的な例である。毎日伝達されている情報であるため，そこで扱われている内容には今日的な話題が多い。また，出来事の経過を知るには適しているが，一方的な視点による記事や十分な考察を踏まえない主張も含まれるので，客観的資料として扱う場合にはそれなりの注意が必要となる。

目的に合わせて，関連する記事を選択して切り抜き，スクラップ情報として蓄積する。保存に際して，シートへ貼り付けたりクリアファイルへ挿入したりしてテーマ別に時系列的に整理することが多い。

3-2 図書・雑誌

図書を読む順序として，最初に入門書のような概要を述べたものによって全体像を知ることから始める。次に事柄の概念，情報の体系，専門用語，特定の話題などについて理解を深めるため，事典，ハンドブックなどを当たり，最後に目標とするテーマを扱っている専門書，論文，報告書などで調べるのが一般的な順序である。

(1) 一般の図書・雑誌

商業的に広く出版されている図書・雑誌では，購読が容易で，一般的な公共図書館でも閲覧することが可能である。しかし，現在発行されていない刊行物や古書を購読する場合は，新刊の場合と流通経路が異なることが多く入手が困難な場合がある。

保存には，そのまま書架に配置して整理することが多い。書名や分野などがわかれば，出版年鑑，書店の検索システムなどから目的とす

る図書・雑誌の検索が可能である。
(2) 専門図書・雑誌

　発行部数や流通経路が限られているものが多く，取次店で注文するか，図書館を利用して閲覧することが通常の方法である。テーマがはっきりしている場合は，関心の核となるジャーナルを中心に検索し，さらにそれに関連するジャーナルを参照する。

　専門雑誌は，通常月，四半期，年などの一定の間隔で発行されているもの以外に，会員に郵送，学会出席者への配布など，書店を通さないで流通している場合も多い。

(3) 調査報告書・白書

　行政施策に関しては，官公庁，公共機関などが発行している白書，報告書，調査資料などを利用する。白書は，現状や今後の計画を解説した内容が多く，全体を概観することを目的に書かれている。特定のテーマについて書かれる報告書は，不定期に発行されることが多い。また，経済統計，特許情報など業務報告の一環として頻繁に公表されているものは原情報が中心である。

3-3　放送

　即時性が最も高い情報源である。一般に，報道番組などの時事問題では一般視聴者の視点に立って内容を報道することが多い。他方，教育番組，教養番組など特定のテーマを高い視野に立って体系的に扱うものもみられ，参考となるものも少なからずある。世論の動向や問題点の把握に有効である。

　一過性のため視聴しながら記録することが難しいことが多く，番組表によって，あらかじめ録画・録音の準備をすることが必要となる。

4. 情報を検索する

　情報検索は，従来は大学や企業など情報機器の設置や使用環境が整備されている機関での利用に限られていたが，現在ではスマートフォン，携帯電話など家庭への情報機器や情報網の普及で個人的な利用が拡大している。情報通信機器を使用すれば，検索とともに膨大な情報の整理が比較的簡単に蓄積できるなど時間的な効率が高まるとともに，国内はもとより，海外の情報についても入手が容易である。

4-1　図書検索

(1)　図書分類

　図書の分類や図書の配列方法は，**表4-1**のとおりである。

　およそ，図書館などでは分野分類が，出版社は発行順序が重視されているが，検索キーとしては併用されている。

表4-1　図書の分類と配架

図書分類	図書館	UDC（国際十進分類法） NDC（日本十進分類法）
	出版社	ISBN（国際標準図書番号） ISSN（国際標準逐次刊行物番号）
図書の配架		分野分類順，テーマ別 日付順（発行日順，登録日順） 事典方式（アイウエオ順，ABC順）

(2)　検索方法

　キーワードとして，分野，書名，著者，発行年，発行者などから図書・雑誌を検索する。一部，目録やカードによる検索を行っているところもあるが，現在では，コンピュータなどから情報検索によって調査することが主体となっている。内容について，単行本では目次や索

引，文献ではキーワードや抄録などによって確認する。
　検索結果が出てきたら，分野分類やキーワードによってその範囲を絞り込んでいくが，検索用語同士の関係を整理したシソーラスが多くの分野で作られているので，それを利用する。
(3) 情報の提供機関
　図書・雑誌情報については，公的な図書館では内部の利用のため蔵書目録を作成し，さらに外部利用のため情報公開や相互利用の体制が整備されている。また，出版社や書店などでは，刊行された図書・雑誌の検索を専用の端末で検索できるようにしている。世界規模の情報プロバイダや書籍の販売会社などが図書の目次や抄録を提供するサービスを行っている。

4-2　データベース

(1) 特徴
　データベースの情報として，従来は記憶容量の制限から項目の内容には日本語文章が少なく英数字や略語などが中心であった。現在は文章に加え，数値，図形，映像，音声などさまざまな形態の情報が含まれている。また，文字情報には，二次情報中心のものと，記事，論文など一次情報を記録したものがある。
　情報提供機関として，公的な機関あるいは商業データベースがあり，それぞれに無料，有料のものがある。

(2) オンライン検索
　利用されているデータベースは，様々な分野に及んでいるが，ビジネス情報，技術情報，生活情報，出版・映像情報など，専門的な内容が有料で提供されている。国内の限定されたものから世界的なものまでデータベースサービスが提供されている。

(3) 電子出版物

辞書，百科事典，名簿，目録，ソフトウェア，映像情報，地理情報など，紙の代わりに電子媒体（CD-ROM，DVD）で提供されている電子出版の形態をとるものが増えている。

4-3 ネットワーク検索

ネットワークの発達により，パソコンやスマートフォンなどを利用してネットワークにおけるホームページの閲覧・メールなどによる意見交換や，動画や写真の共有が普及している。

(1) WEB

現在は，様々な機関，企業，団体などが無料で様々な情報を提供している。事業内容の紹介，機関の利用手続き，規則の提示，統計情報，映像情報に加え，辞書や百科事典などの解説が行われている。また，画面や添付されたファイルをそのまま保管できるが，情報量が多いので保管する場合は整理を確実に行うことが必要である。

(2) 電子メール，電子会議

参加者が明確な組織内の連絡や不特定の参加者間の意見・連絡など音声やテキストの交換が行われている。特定組織内に限らず情報プロバイダによって運営されているものも多く，簡単に参加できる状態になっている。

(3) ソーシャル・ネットワーキング・サービス（SNS）

ブログ・ツイッター・フェースブックなど，簡単な操作によって，個人的な意見を短い内容で情報発信をする例が増えている。特定のテーマについて意見や感想を述べているものが多いが，発信が早い半面，内容の信頼性・確実性などに注意することが必要である。

5. 情報を整理する

5-1 整理の考え方

　必要に応じて，記事をそのまま保存するか，書誌情報などの二次情報をカード化して整理・保存する。資料の整理では，内容の適切さと作業時間の兼ね合いによって目的に応じた分類を行う方がよい。

　得られた情報は，それらの結びつきを図示した後，それらの項目を一枚のカードごとに書き分けて並べ替えを行う。対象に関する情報とともに，調査の方法や内容に関する情報も併せて整理する。

　例えば，実験では，その手順，使用した機器，測定記録などがある。統計的方法では，分析手法，対象とした標本の属性，調査票，母集団と標本の対応表などがある。

　また，事例研究に関する情報としては，分析の視点，取り上げた事例の特徴，その調査経過記録などがある。

5-2 整理の方法

　資料や情報の整理として，次のような考え方がある。
 (1) 一次元的整理
　　① 時間の流れに応じた整理：新聞・雑誌，放送の記録，発行された資料など発生した順序によって資料を並べていく整理
　　② 手順の流れに応じた整理：製作工程，目的地までの経路，教育コースなどある手順に従った流れに対応した順序
　　③ 属性の順序による整理：言葉による順序，組織における順序，大小関係など事柄に備わっている属性の順序によって整理
 (2) 図解整理
　　① マップの作成：地形，交通網，流通経路，分布図，配置図など物理的な関係を示すマップに対応させた整理

② 　論理関係の展開：言葉の関係，事柄の関係，因果関係など論理関係からみた場合の構造に対応させた整理
(3)　表形式の整理：基準となるものと比較対応表，事例と事柄の対応，意見の対比など表形式に対応した整理

5-3　情報の検討

　次のような点から，問題の内容や問題意識を考察して，収集した情報の中から取り上げるものや不足しているものについて検討する。
　① 　視点：ある主題に対して採用した視点に対応した情報であるか。採用する原理，主義，規範，価値観などについて概要や優先する順序などを明らかにした上で考える。
　② 　論証方法：報告する中で取り上げた事柄の列挙が，論理の展開としての演繹法，帰納法，説得方法，推論などの上で対応している情報であるか。
　③ 　尺度：対象を客観的に測るための測定尺度，分析尺度が明らかになっている情報であるか。
　④ 　普遍性：取り上げた事例について，その意味するものやそれがどの程度普遍性があるかなどを考える。そのために，根拠となる事実，文献，観察記録，調査結果などが明らかであるかを確認する。

6. 事例

＜目的に応じた情報収集の考え方＞

　情報収集においては，目的に応じてどのような考え方・方法を選択していくかが重要である。あらかじめ情報のキーワードなどが絞られて設定されている場合は，いかに効率的に情報を収集し，決められた基準や体系に沿って整理していく方法がとられる。

　しかし，目的や範囲が決められていない場合，自分でそれらを設定しながら情報を収集・整理しなければならない。調味料開発・生産において作業の流れの中で意思決定を行いながら，どのように情報を整理しているかについて紹介するとともに，そのときの考え方，手順，そして課題などについて事例を交えて解説する。そして実際に行われた情報収集の概要や整理の分析の方法を概観する。

（協力　株式会社　味　泉　品質保証部長　長尾光春氏）

参考文献

[1]『創造の方法学（講談社現代新書）』高根正昭（講談社）1979年
[2]『情報を共有し，活用する技術：コンサルタントがその秘訣を明かす』日本能率協会コンサルティング（日本能率協会マネジメントセンター）2006年
[3]『社会調査［改訂版］』原純輔他（放送大学教育振興会）2009年

演習問題 4

次の情報の入手方法を考えよ
① 家庭雑貨の選択と購入
② 旅先での名物料理の見つけ方
③ ある地域での人口の推移

解答
① デパートの案内，商品カタログ，テレビ・ネットの通信販売など
② 旅行情報誌を見る，観光案内所で聞く，インターネット検索など
③ 国勢調査・住民基本台帳などの報告書，総務省ホームページ，都道府県市町村ホームページ，Wikipedia で調べるなど

5 | 数値情報を扱う

秋光　淳生

《目標&ポイント》　頭の中にある事柄をデータとして形にすると，人との共有や分析を行うことができる。そして分析を通じて問題解決や発見に資する特徴を導くことも可能になる。この章では数値データの扱いについて学ぶ。この章の学習目標は次の3つである。(1)尺度について理解する。(2)クロス集計の見方について理解する。(3)基本的なグラフについて理解する。
《キーワード》　名義尺度，順序尺度，間隔尺度，比例尺度，クロス集計，棒グラフ，円グラフ，ヒストグラム，散布図，折れ線グラフ

1. はじめに

　無駄遣いを減らしたいと思っているとしよう。そこで家計簿をつけてみる。数ヶ月などある期間溜まったらそれを分析してみる。そうすると1日平均していくら使うのか，平日と休日でどう違うか，食費にどれだけ使っているのか。調べてみると特徴が見えてくるかもしれない。そしてその特徴がわかれば来月はいくらぐらい使うのかを予測することも可能になるかもしれない。このように定量的に考えることによって，対象となっているものの特徴をより具体的かつ厳密に捉えることも可能になる。この章ではこうした定量的な考え方について考える。

2. 尺度

　前章で情報を収集することを扱ったが，収集して形となったものをデ

ータと呼ぶことにする。データには性質などを表す質的データと数量を表す量的データがある。そこで，次のような「あるクラスの学習時間と成績」に関する例を考えてみよう。

性別については

　　0. 男性　1. 女性

で，また学習時間については，それぞれの学生にアンケートで

　　1. 勉強しなかった　2. あまり勉強しなかった　3. 勉強した

の3段階で評価してもらったものとする。また評価とは5段階で成績を評価したものであるとする。

表5-1　あるクラスの学習時間と成績の例

番号	性別	学習時間	正答数	偏差値	評価
1	1	3	15	58	4
2	0	2	17	66	5
3	1	2	9	38	3
4	0	2	9	38	3
5	1	2	14	54	4
…					

　番号や性別の数値は値をつけて表すことによって，他のものと区別するために用いたものであり，値が異なるという以外は意味がない。このような尺度を**名義尺度**という。一方，学習時間のアンケートは値が大きいほど勉強したことを表し，また，評価も値が大きいほどに成績が良いことを表している。このように値の大小関係にも意味がある。

　しかし何段階かで表した場合に，その段階間の差が等しいとは限らない。このように値の順番に意味がある尺度を**順序尺度**という。

　次に，偏差値の場合には数値化され，偏差値59と58の間にある差と48と47の間にある差は同じ1であると判断される。このように差が意味を

持つ尺度を**間隔尺度**という。偏差値とは各個人が集団の中でどのような位置にあるかを表す指標であり，平均点を取った人の偏差値が50になるように作られているため，100点を超えることもまた0点よりも下になることもある。この場合に，偏差値が60だから偏差値30の2倍だとはならない。一方，正答数が10個の人は5個の人よりも2倍多く正答したと言える。0個の人は1つも当たっていないということである。このように0というものが「ない」ものとして意味を持っている。このように何倍かといった比が意味を持つためには，その尺度において0に特別な意味がある場合である。このような尺度を**比例尺度**という。量として意味を持つのは間隔尺度と比例尺度であり，定量的データという。名義尺度と順序尺度とは質的データや定性的データという。

3. クロス表

　質的なデータの特徴を見るための方法の一つはそれぞれがどれだけあるか集計して表にまとめることである。性別や学習時間の関係といったように質的なデータ同士の関係を見るための方法としてクロス集計がある。量的データであってもある範囲ごとにカテゴリーに分けて分析を行うこともある。

　2つ以上の複数の属性やカテゴリーにしたがってデータを集計した表のことを**クロス表**（**クロス集計表**，**分割表**）という。

表5-2 受講生の性別と種別の例

番号	性別	学生種別
1	女性	全科履修生
2	女性	選科履修生
3	女性	全科履修生
4	男性	科目履修生
5	女性	全科履修生
6	男性	選科履修生
7	女性	科目履修生
8	女性	選科履修生
9	男性	全科履修生
10	男性	選科履修生
…		

表5-4 行の周辺度数による相対度数

	男性	女性	合計
全科	39.8%	60.2%	100%
選科	49.3%	50.7%	100%
科目	52.0%	48.0%	100%
合計	44.8%	55.2%	100%

表5-5 列の周辺度数による相対度数

	男性	女性	合計
全科	46.3%	56.8%	52.1%
選科	34.6%	28.9%	31.4%
科目	19.1%	14.4%	16.5%
合計	100%	100%	100%

表5-3 クロス表

	男性	女性	合計
全科	14,629	22,095	36,724
選科	10,921	11,227	22,148
科目	6,047	5,588	11,635
合計	31,597	38,910	70,507

表5-6 全体度数による相対度数

	男性	女性	合計
全科	20.7%	31.3%	52.1%
選科	15.5%	15.9%	31.4%
科目	8.6%	7.9%	16.5%
合計	44.8%	55.2%	100%

　上記の例にあるように男性の全科履修生は14,629人とそれぞれの条件を満たす度数が計算される。この行と列の各要素をセルという。またその度数を観測度数という。クロス表では各行と列にある要素数によって，(行の数)×(列の数)クロス表という。各行と各列の最後にはそれぞれ合計が計算されている。この合計を周辺度数という。一番右下のセルには全体の合計が計算されている。これを全体度数という。全体に

おけるセルの割合を相対度数という。相対度数の分母には行の周辺度数，列の周辺度数，全体度数の3種類がある。**表5-3**，**表5-4**の選科履修生の行を見てみよう。**表5-4**のように選科履修生の男女比は男性49.3％，女性50.7％である。これは選科履修生を100とした時のそれぞれの割合で，選科履修生の中では女性の方が多いことを意味している。一方，**表5-5**では男性34.6％，女性28.9％でありこれは男性を100，女性を100とした場合の選科履修生の割合を表したものであり，全科履修生，選科履修生，科目履修生の中での選科履修生の割合は男性の方が女性よりも多いということを意味している。このように割合が何％という時には分母が何か，すなわち100％が何を意味していて，その割合が何を表すものなのかを把握しておくことが大切となる。

4．基本的なグラフ

　定量的なデータをグラフにすると視覚的に表現することでデータの大小や変化といった特徴を知ることができる。しかし，使い方によっては見る方に誤解を与えることもあるので，適切なグラフを選んで用いなければならない。ここでは基本的なグラフについて説明する。
(1)　円グラフ

　円グラフとは大きさの比が面積の比となるように，円を同じ半径の扇形に分割して作成したグラフである。扇形の面積はその中心角の大きさに比例するため，扇形の中心角がそれぞれの大きさに対応している。例えば全体を100とした時に10の大きさを持つ項目に対しては扇型の中心角は36度となる。例として次のグラフを見てみよう。このグラフは在学生の年代別の人数を円グラフにしたものである。

表5-7 在学生の年代別人数

年代	人数
20代	218
30代	623
40代	1,337
50代	1,661
60代以上	1,506

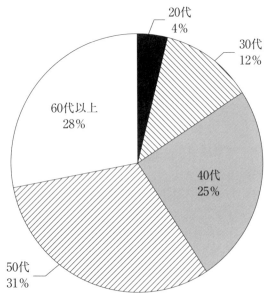

図5-1 在学生の年代別割合円グラフ

　図から40代，50代，60代以上の学生が多いなど年代別の内訳がわかる。この図では割合の値を表示しているが，値でなく面積だけでは40代，50代，60代以上の大きさを比較するのは難しい。このように円グラフは項目の大きさを比較できるが，細かい比較は難しく，内訳を表すのに適している。また，グラフを3次元にする，色を工夫する，中心の位置を替える，楕円にするなどの操作で見るものに別の印象を与えることもあるので注意が必要である。

(2) 棒グラフ

　棒グラフは棒の長さによって値の大きさを表すグラフであり，値を比較したいという場合に用いる。棒グラフの長さが値の大きさを表すため

縦軸は0から始める。次の図を見ると2学期は毎年1学期に比べ入学者が少ない，また年によって入学者数が変動していること，年や学期ごとに値が比較しやすいことがわかる。

表5-8　入学者数の推移

学　期	入学者
2013年1学期	26,954
2013年2学期	21,040
2014年1学期	25,759
2014年2学期	21,065
2015年1学期	27,535
2015年2学期	21,453
2016年1学期	26,584
2016年2学期	20,848
2017年1学期	26,054
2017年2学期	20,554

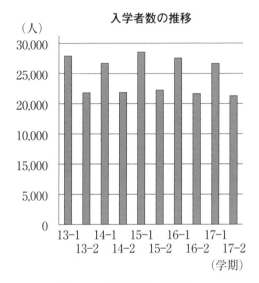

図5-2　入学者数の棒グラフ

　テストの点数や年齢などの量的データを10点や5歳ごとなど幾つかの区間に分け，横軸にその階級を，縦軸にそれぞれの頻度（**度数**）を書いた棒グラフを**ヒストグラム**という。ヒストグラムを作成する場合には100個以上といったある程度の数が多い場合に作成し，その分布具合を見ることによって集合の特徴を把握する。階級幅は，通常，同じ値になるように作ることが多いが，幅が広い場合やある範囲を細かく分析したいという場合など階級幅が異なるものを作る場合がある。その場合には面積が割合に対応するために高さに注意が必要である。

　例えば次の例はあるテストの点数をもとに度数分布表をつくりヒスト

グラムを作成したものである。では60点から100点の人数は2人だが、階級幅が40点であり、他の階級幅の2倍であるので高さが半分になっている。

表5-9 成績の度数分布

学　　期	人数
1点〜20点	6
21点〜40点	8
41点〜60点	4
61点〜100点	2

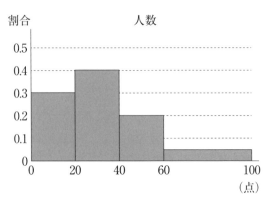

図5-3 成績のヒストグラム

(3) 散布図

散布図は縦軸と横軸にそれぞれ別の項目をとり、それぞれの値を点で表したものである。

表5-10 国語と社会の点数

番号	国語	社会
1	4	24
2	9	15
3	12	27
4	12	30
5	17	37
⋮		
30	99	98

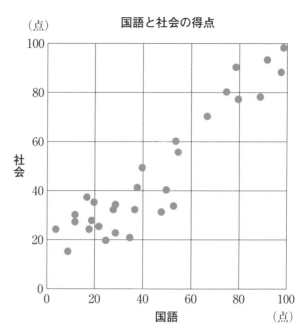

図5-4　国語と社会の点数の散布図

　上の例は国語と社会の点数を散布図で表したものである。国語の点数が x 座標，社会の点数を y 座標にとりそれぞれの得点を点で表している。
　この例では国語の点数が低い学生は社会の点数も低く，国語の点数が高い学生は社会の点数も高いという傾向を見て取れる。片方の値を増やしたときにもう一方の値も増える傾向にある時には正の相関があるといい，一方の値を増やした時に，もう一方が減る場合には負の相関があるという。このように点の広がり具合を見ることによって2つの項目間の関係を見ることができる。ただし，この場合，国語と社会の得点の間に関係があることを意味しているが，国語ができると社会もできるようになる，という原因と結果の関係まで意味しているわけではない。このよ

うに相関は項目間に関係があるということであって，因果関係を意味しているわけではないことを押さえておこう。

(4) 折れ線グラフ

折れ線グラフは点を線でつなぐことで推移を表すために用いられる。横軸には年齢などの経過を表すものを縦軸に変化する項目を選ぶ。次の例はある大学の入学者の推移を表したものである。

表5-11 種別ごとの入学者数

学期	全科	選科
26-1	6,670	6,916
26-2	4,249	7,559
27-1	7,763	6,691
27-2	4,205	7,603
28-1	7,402	6,306
28-2	4,135	7,158
29-1	7,061	6,225
29-2	3,902	7,118

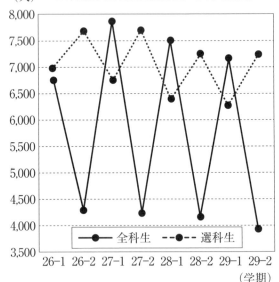

図5-5 入学者の推移の折れ線グラフ

選科履修生は全科履修生に比べ学期ごとの変動が少ないこと，また変動はあるが緩やかに減少傾向にあることが見える。折れ線グラフは変動が表せるように軸の範囲を選ぶため，縦軸の範囲は必ずしも0から始める必要はない。また，この図では簡略化のためデータが少ないが，折れ

線グラフはより長期的な推移を表すことにも向いている。同じデータを棒グラフで表すことも可能である。しかし，このデータのように全科履修生，科目履修生の2つであれば，棒グラフでも比較可能であるが，種類が増えると棒グラフで個々に比較しづらくなる。一方，折れ線グラフであれば比較的数が増えても推移を把握しやすいという特徴がある。

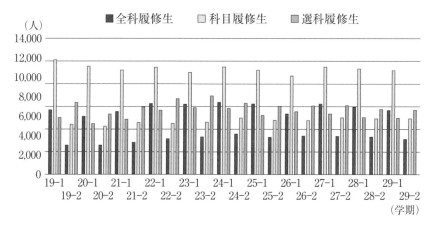

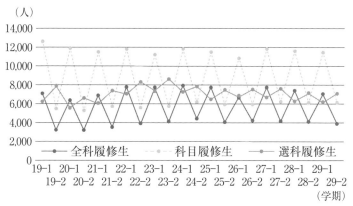

図5-6　入学者推移の折れ線グラフと棒グラフ

また，グラフの中にどの線がどちらを表すかの線の説明が書かれている。これを**凡例**という。

散布図は2つの項目の関係をみるためのものであったが，もう少し項目数が多い場合には**レーダーチャート**がある。レーダーチャートは項目数に応じた正多角形をしており，中心に原点を起き，中心と多角形の頂点を結んだ線をそれぞれの項目軸とする。値が大きければ外に広がり，値が小さければ中心に集まった形になる。この形を見ることでバランスよく広がっているか，どれか際立った傾向があるか，といった特徴を見ることができる。

表5-12　5教科の成績と平均値

教科	生徒Aの得点	平均点
国語	65	56.5
数学	45	57.1
英語	70	60.5
理科	48	54.3
社会	80	68.2

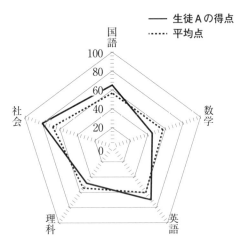

図5-7　5教科の成績レーダーチャート

グラフを作成する場合には，データを選び，どのグラフを作成するかを選択することになる。最近はパソコンの表計算ソフトや統計ソフトなどでグラフを作成することが多い。同じデータでもグラフの種類を変えることも容易にできる。いくつかの種類のグラフを作成してみて，どの

ようなことが読み取れるか試してみることも有効だろう。レポートやプレゼンテーションなどで人に見せる場合には，適切なグラフを選んで使うことが求められる。選ぶ際の目安としては，データをもとに内訳を表す場合には円グラフ，値を比較したいという場合には棒グラフ，経過推移を表したいという場合には折れ線グラフ，そして項目の関係を表す場合には散布図を選ぶ。同時に，縦軸や横軸，凡例やグラフのタイトルなど必要な要素を含んだグラフを作成することが大切である。

　コンピュータソフトを用いることで見栄えの良いグラフを容易に作ることができるようになったが，特定の棒グラフの幅を太くする，円グラフの中心の位置をずらす，3次元のグラフにする，といった操作によってデータの特徴とは異なる印象を相手に与えることもあるので注意が必要である。

　一方，グラフを読む場合には見た目の印象だけで判断するのではなく，軸の値などから個々の値を読み取って判断することも大切だろう。日々の生活の中でも意識してみると，新聞や雑誌などでグラフを目にすることもある。その場合に，どういったグラフを選び，どのようなことを伝えようとしているのか，タイトルがつけられている場合にどのようにタイトルがつけられているか，といったことを確認してみると良いだろう。

5. まとめ

　例として「もっと勉強しよう」ということを考えたとしよう。日々の学習時間を記録することによって，「1日の学習時間を10分から15分に増やそう」となるかもしれない。これらを比較してみると，定量的に考えることによって，対象をより具体的に，かつ客観的にが捉えることが

でき，相手に伝えるときにも説得力が増すことがわかるだろう。また，量的なデータについては多くの数理的な分析手法が存在し，これらを適用することにより，詳細な特徴把握が可能になることもある。

　ある学校で成績データを分析し，クラスの平均点を求めたとしよう。すると，次のテストでは平均点を何点上げるようにしようといった目標を立てることができる。しかし，そもそも教育の目的は，子供の将来に役立つ学力を身につけることであり，テストの点数は学力を図る一つの方法でしかない。定量的なデータを分析することで目標が目的化してしまう，または定量的に測定したことが対象の全てであると誤解してしまうこともある。そのためにも定量化されたデータがどのように観測，収集されたものか，何のために分析を行っているのかについても把握しておくことも大切だろう。

参考文献

[1]『グラフで9割だまされる』ニコラス・ストレンジ著，酒井泰介訳（武田ランダムハウスジャパン）2008年
[2]『情報利活用　表計算 Excel 2016 対応』株式会社 ZUGA（日経 BP 社）2016年
[3] 国連欧州経済委員会 Making Data Meaningful
　　http://www.unece.org/stats/documents/writing/（2018年2月最終アクセス）

演習問題 5

1. 次のクロス表の空欄を埋めよ。

世代　性別	男性	女性	合計
20代	11,048	11,527	22,575
30代	7,628	12,144	19,772
40代	5,364	ア	15,226
50代	4,466	6,738	イ
60代	ウ	2,061	6,626
70代以上	1,642	403	2,045
合計	エ	42,735	オ

2. 年度ごとの構成比を比較するときなど複数の構成比を比較する場合にはドーナツグラフや帯グラフが用いられる。次の帯グラフはAとBのメディアの利用時間（単位は分とする）をグラフにしたものである。

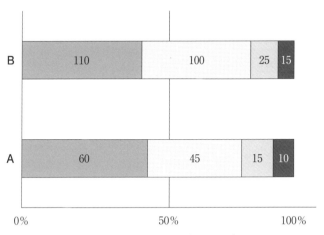

次の文の中で間違っているものを一つ選べ。
- (ア) A，Bそれぞれのメディア利用の中でインターネットが占める割合はAの方が大きい。
- (イ) A，Bそれぞれのメディア利用の中でテレビが占める割合はAの方が大きい。
- (ウ) A，Bそれぞれのメディア利用の中でラジオが占める割合はAの方が大きい。
- (エ) A，Bそれぞれのメディア利用の中で新聞が占める割合はAの方が大きい。

解答

1. (エ)と(オ)の前に(ア)〜(ウ)を計算する。
   - (ア) $15,226 - 5,364 = 9,862$
   - (イ) $4,466 + 6,738 = 11,204$
   - (ウ) $6,626 - 2,061 = 4,565$
   - (エ) $11,048 + 7,628 + 5,364 + 4,466 + 4,565 + 1,642 = 34,713$
   - (オ) $22,575 + 19,772 + 15,226 + 11,204 + 6,626 + 2,045 = 77,448$
     または
     $34,713 + 42,735 = 77,448$

2. 利用時間を表にすると次のようになる。

メディアの種類	A	B
インターネット	60分	110分
テレビ	45分	100分
ラジオ	15分	25分
新聞	10分	15分
合計	130分	250分

A, Bの列の周辺度数による相対度数

メディアの種類	A	B
インターネット	46.2%	44%
テレビ	34.6%	40%
ラジオ	11.5%	10%
新聞	7.7%	6%

これを見ると，テレビの割合だけBの方が大きい。（イ）

6 | 図解化して見る

柴山 盛生

《目標＆ポイント》 問題を解決する過程で有効な表現方法の一つに図解がある。図解により問題の全体像や個々の課題の位置関係がわかる。また，自分が考えた内容を短時間で他人に理解してもらうこともできる。口頭で説明したり文章化したりするのが難しいものでも図解化するならば一目で理解できるものが多い。その図解化の考え方，描き方を学習する。

《キーワード》 図解の基礎，図解のパターン，図解の進め方

1. はじめに

　私たちが日常の仕事や生活の中で出会う様々な連絡文書や企画書等は文章主体の表現である。文章は助詞の「てにをは」による微妙なニュアンスの違いや接続詞による文章の続き具合などにより，読み手の受け取り方が大きく変わることがある。しかし，図解では大筋で読み手全員に同じ内容を伝えることができる。すなわち，図解は要点と流れで表現されるため，副次的な内容が消え本質的な部分が浮き上がるからである。
　例えば，言葉で「うちの家は町中から離れていて，どうも生活に不便です。どうすれば良いでしょうか。」のように表現されたものでも，自宅の位置とその町の位置関係を地図に示せば，その理由があれこれと想像できるようになる。このような市街地図に限らず，頭の中でもやもやしていたものも図にして示せば全体像がはっきりと見えてくる。

2. 図解の要素

　問題を見つける，目標を決める，解決策を考えるなどの一連の過程を同時に頭の中で考えると，抜けたものがあったりほかのものと混同したりすることが多い。そこで，考えたものをメモにとる，それらを並び替えるという作業を加えることで一歩改善することができる。さらに，文章で書いたものを簡略化したり，似たものを集めて要約して，図で示していけば複雑なものが整理され全体像が形づくられるのである。

　このように，図解には，自分の考えを浮き彫りにして整理し，他人にその全容を示すことを可能にするという機能がある。

　図解は，短い文，線，図形などの要素から構成され，それらが組み合わされて複雑な構成図を形づくる。また，図解には，短い句や文からなる**箇条書き**，建築や機械の設計図，地図などで実際に存在するものを写実的あるいは記号で表現した**物理図解**と，概念や機能など物体として存在せず考え方を示す**論理図解**がある。なお，表やグラフも図解の一種であるが，すでに別の章で扱っている。

2-1　キーワードと箇条書き

　文章の中で，重要なテーマや全体の要点を示した単語を**キーワード**という。また，それを使って文や語句の形式で書かれている文章の重要な箇所を抜き出し，要約したものが**箇条書き**である。キーワードや箇条書きは図形と組み合わされて図解の中でよく使われる。

　特に，アイディアを出し意見をまとめる作業では，内容を整理してキーワードを抽出したり，伝えたい事柄を項目に分けて番号をつけるなどして箇条書きを用いて表現することが多い。箇条書きは，複雑な文章の構造や流れを簡略化して，短時間で全体の流れの要点をまとめることができる表現の一つである。

ここで，その項目を読めば全体の内容がよくわかるように，分類や順序立てを考えて作成する箇条書きについて考えてみよう。次の例は「地球温暖化」について述べた文章である。

> 近年，「地球温暖化」について関心が高まっている。これは地球表面の大気や海洋の平均温度が上昇を示していることから問題になってきたものである。新聞やテレビで，最近気温が高くなってきたと感じる人が多くなったとする報道をよく耳にするようになってきたように思われる。さらに，温暖化に伴う海水面の上昇や気象の変化が観測され，生態系や人類の活動への悪影響が懸念されているというものである。この地球温暖化は自然現象による要因と人為的な要因に分けられるそうである。20世紀後半の温暖化に関しては，人間の産業活動等に伴って排出された人為的な温室効果ガスが主因となって引き起こされているとする説が有力とされている。なかでも二酸化炭素やメタンの影響が大きいとされる。現在，二酸化炭素の排出を規制しようという政策が世界で進められている。

この文章からキーワードを抽出し，それを用いて箇条書きにすれば，例えば次の通りに示すことができる。
① 地球温暖化への関心が高まっている。
② 大気や海洋の平均温度が上昇している。
③ 気温が高くなったと感じる人が多い。
④ 海水面の上昇や気象の変化で生態系や人類への悪影響が懸念される。
⑤ 地球温暖化には自然現象による要因と人為的な要因がある。

⑥　最近の温暖化は，産業活動等に伴う温室効果ガス説が有力である。
⑦　二酸化炭素やメタンの影響が大きい。
⑧　二酸化炭素の排出を規制しようという政策が進められている。

2-2　図解の記号

　図解は「見栄えの良さ」よりも「わかりやすさ」が重要である。伝えたいことを的確に早く伝えるために，文と記号を組み合わせて，要点を強調し，意味の流れを明確にする。図解には表現するものにより，どのような図形を使うか，どう配置するかなどはある程度統一されている。それは，特定の図形と事象，事象の位置づけ・流れ，関係性などの記号の組み合わせからなっている。(**表6-1参照**)

(1)　囲み図形

　「囲み図形」は事象を示すキーワードあるいは短文を囲むためのものである。この図形は**表6-1**の「事象を囲む」にあるように円に限らず長方形などの形状でもよく，事象を一まとまりの単位（ブロック）にしているものを示している。囲むことにより，事象同士の位置関係やそれらから成り立つ全体の構成を示すために用いる。

　キーワードを囲む図形を変えると，異なった種類やレベルを表現することができる。例えば，原因を「円」で結果を「楕円」で囲むなどキーワードの種類によって図形を使い分けると，レベルの違いが明確になり図解そのものに立体感が生まれる。逆に，図形が変わらないと，キーワード同士の違いがわかりにくく，平面的な図解で内容が理解しにくいものになる。また，同じ円でも異なる半径を用いることにより，重要さ，数値の大小などを示すこともできる。より複雑な関係を表現したいときは，円の変形だけでは足りなくなる。そのような場合には，長方形や三角形を使って，多様な表現にする。

表6-1　記号の名称と表現内容

区分	意味	記号	名称	表現内容，使用例
囲み図形	事象を囲む	○	円	概念など抽象的な事象
		□	長方形	組織名など具体的な事象
		▭	角丸長方形	まとめ
		⬠	箱矢印	事象と方向
		✸	爆発	注目，強調
矢印	事象の流れ	→	線矢印	流れ，移動，手順
		⇨	矢印（白抜き）	変化の方向
		➡	矢印（黒塗り）	因果関係
		▷	三角矢印	単純作業の方向
線	関係と縁取り	───	実線	継続的な関係，つながり
		・・・・・	点線	うすい関係，つながり
		─ ─ ─	鎖線	集合，領域
		⟋	通信線	通信可能

(2) 矢印

　矢印は円等やブロック同士をつなぐものであり，順序，時間的な流れ，物事と物事の関係，方向等「事象の流れ」を示す場合に用いる。**表6-1**に示すように使い方によりいくつかの種類がある。また一本の矢印でも時間的な流れを表現する場合など，点でスタートさせ次第に線の幅を広げ，太さに勾配をつけると立体感がでる。矢印は白と黒だけでなく網掛けをしたり，ぼかしを入れて因果関係などを表すこともできる。また，ブロックとして中にキーワードや文を入れることもできる。

　矢印は囲み図形で示した部分と部分の関係を意識させ，視線を誘導する役割がある。

(3) 線

　線は囲みの円や長方形などのブロックの間を線で結び，内容の関係づけやブロックのまとまりを示す縁取りを行うために用いる。関係の強さによって，実線，点線，鎖線などを使い分けていく。

3. 図解のパターン

　上記のように，囲み図形，矢印と線を組み合わせることにより大きな構造を示す表現ができるようになる。一つの事象と事象の間は一つの流れであるが，それらが組み合わされた様々な情報や事象の集まりの関係も同時に示すことがある。よく使われるのが空間的な広がりや隔たり，時間的な流れや変化，構成・関係づけなどである。

　様々な記号を組み合わせて概念や関連性を図解で示す場合は，次のようなパターンがある。

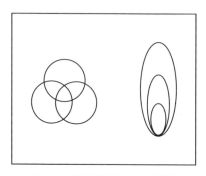

図6-1　相互関係，包含関係

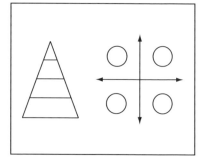

図6-2　階層関係，位置づけ

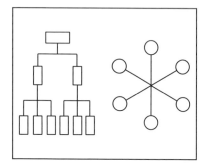

図6-3　構成，関連

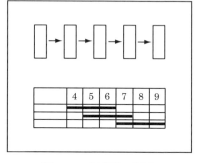

図6-4　時系列，順序

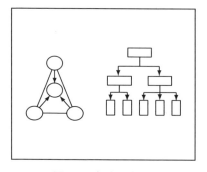

図6-5　収束，拡散

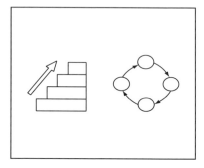

図6-6　変化，循環

⑴　相互関係，包含関係（**図6-1**）

　左図は三つの事象の相互関係を示すものでベン図といわれるものである。右図はある項目が他の項目に包含されるような大きな概念から小さな概念展開される状態を示すもので，円や楕円を用いる。

⑵　階層関係，位置づけ（**図6-2**）

　左図は横に区切られたピラミッド型の図形で，上に行くほど上位の概念になる階層関係を示す。右図は座標軸を使って位置づけを示すもので比較的簡単に表現できる。軸には相対するキーワードを置き，それらによって分けられた4つの象限の中に項目を書き込んで全体の傾向や分布を示すものである。

⑶　構成，関連（**図6-3**）

　円や長方形を線でつないで互いの関係を明らかにする。システムや概念がどのような要素から構成されているか成り立っているかを示すのに用いられる。

⑷　時系列変化（**図6-4**）

　いくつかのプロセスで順序を追いながら展開する内容や時間とともに推移するものを表示する。工程や時間を左から右に示しながら書く。上の時系列図はある現象の時間的変化を，下の工程表はガントチャートと呼ばれるもので作業管理などに用いられているものである。

⑸　収束や拡散（**図6-5**）

　拡散の図解は中心のキーワードから周囲に向かっていく方法で矢印は外側に向く。中心から遠心的に伸び「広がり」を感じる図解は概念図やシステム図を描くときによく使われる。また，ある事柄からさまざまな要因が引き起こされていく場合にも適している。

　収束の図解は周囲から中心のキーワードに向かって焦点を絞り込んでいく方法で矢印は中心に向かう。中心に重要なキーワードを置くのは同

じであるが矢印の向きが逆になる。
(6) 変化や循環（**図6-6**）
　左図は拡大，縮小，上昇，下降などの変化の中の上昇を，右図は好循環・悪循環などサイクルとなって続いている事象を表現する。

4. 図解の進め方

　図解を進めるに当たっての手順を説明する。
(1) 下書き
　図解は一度に完成するということはなく，下書きは図解のときにも必要である。この段階では先ず思いつく言葉や考え，短い文章，絵等を紙に書き出す。次にそれらを並べ直す，別の言葉に置き換えてみる，より短い言葉やキーワードにする。さらに丸や四角で文字を囲む，矢印を用いる。これだけでも，かなり見やすくなる。
(2) 図解の検討
　同じテーマを対象として多くの人が個別に図解すると，さまざまな図解ができあがる。人により興味，関心のあるところが異なり，表現方法も異なるためである。図解にはこれが正解であるとか，これが完全なものである，というものはない。最初からうまい図解をしようとか，人に見せるものを書こうとかせずにまず書いてみるのがよい。気に入らなければもう一度書く，数回繰り返すと図解の技術も向上する。
(3) 図解の改善
　自分がみて良いと思う図解を真似することから始めるのもよい。重要と思うキーワードや短文を書きだした後，よく似たものを集め，並べて線で囲む。次に囲ったブロック毎の関係を考える。流れや時間などを考慮し矢印でブロック同士をつなぎ，同時にブロックの中も整理する。最

後は重要度を中心に全体を見て囲みの形，矢印の形，線の太さを見直す。

(4) 問題の図解化

問題を発見することができるかどうかは，日頃そのことに対してどのような見方あるいはどのような考え方をもっているかによる。

例えば自分中心の見方に加えて，視点や発想を変えてみると気がつかなかった問題点が浮かび上がってくることがある。そのとき，頭の中で考えていることを図解して，それを元にさらに考えてみることが効果的な方法である。

次の図は，立場を変えると問題に対する意識の違いが現れていることを示す図解の例である。このように，状況に合わせて図解を行ってみると，自分の見方や考え方が整理され，問題の発見につながりやすくなる。

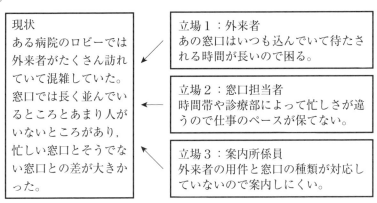

図6-7　病院の窓口業務に関する問題点の整理

(5) 問題の構造

問題の構造について図解してみる。

今考えている問題について，「現状」つまり今の実際の状態と，「目

標」つまり願望を含んだ理想的な姿をかいて，その差が問題となるように図示する。さらに問題が生じる原因となるものを加える。そうして考えられる解決策をかいていく。

　これで，問題解決が図られる場合もあるだろうが，問題の認識や解決策の実施に不適切さや困難さが見込まれる場合は適宜修正を行って改善を行う。また，人に見せることによって，自分では気がつかない感想や意見を得られることが多い。

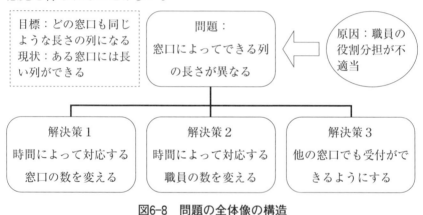

図6-8　問題の全体像の構造

参考文献

[1]『知的生産のための図解表現ハンドブック―企画書，報告書などのビジュアル資料作成の技術』竹内元一（PHP研究所）1998年
[2]『Visioでマスターする図考プレゼン　実践の極意』久恒啓一（アスキー）2005年
[3]『知のワークブック』竹田茂生・藤木清（くろしお出版）2006年

演習問題 6

次の図解は小学生の健康教育を推進するために児童，家庭，学校に役割を分担して解決策を示すものである。

4, 5, 6に該当するものを1例ずつ挙げよ。

例
1. 自分で適度な運動をする。
2. 毎日決まった生活習慣を心がける。
3. 適切な体育実習科目を提供する。
7. 体育の授業参観日を設けて，児童，教員，保護者の共通理解を高める。

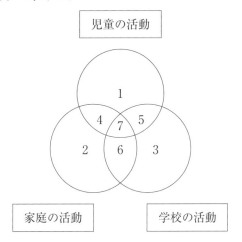

解答
4. 親子で一緒にスポーツをする。
5. 部活動で教員と児童が相互理解して健康促進を図る。
6. 保護者会で体育実習や健康管理の情報交換を進める。

7 | 分析的に考える

柴山　盛生

《目標&ポイント》 問題解決においては，様々な事柄を分析してある目標に向けた解決手順を考える。そのために必要な考え方である演繹的推論，帰納的推論，確率判断，意思決定による進め方などを学習する。さらに，物事を選択するため，ゼロベースの視点からの議論を行ったりブレークスルーを発見したりする意思決定を進めながら考える方法を考える。
《キーワード》 推論，確率，ゼロベース，ブレークスルー

1. はじめに

　問題解決においては，広く発散している思考や知識を並び替え，解決の目標に向けて統合化していくことが必要である。そのために，事柄を分析して論理的な考えによって分類・整理したり，ある推論にしたがって展開したりして，目標に対して全体が体系化するようにまとめる。
　まず，問題の領域によってどのような特徴があり，それによってどのような考え方が有効に働くか，あるいはそうでないかを理解し，適切な考え方を知ることが必要となる。
(1)　規則性が強い問題
　少数の科学的な法則や，明確な規定によって説明していくもの，機械の内部のようにほぼ完全な制御ができて再現性が高いもの，高度で理性的な思索を展開できるものなどでは，論理的な考えを広く展開する。
(2)　偶然性が強い問題
　非組織的な世界や複雑な現象などで，予測が難しく結果のバラツキも

大きいもので，その状況を統計や確率などの手段を使って把握して，問題解決の進め方を考える。
(3) 選択性が強い問題
　組織的で複雑な要素から成り立ち，一般に法則や統計などが適用できない場合の問題である。そのため，全体をシステムとして扱い，解を求めるために仮説を立て，調査や意思決定を繰り返して進めていく。

2. 思考のロジック

　はじめに，規則性が強い問題に向けて論理学の基礎を学習する。
2-1　集合
　様々な「もの」の集まりを集合という。ここで「もの」とは，ある二つのものをとったときそれらは同じか違うか，また，考えているものの集まりにそのものが属しているかいないかを区別できるものである。

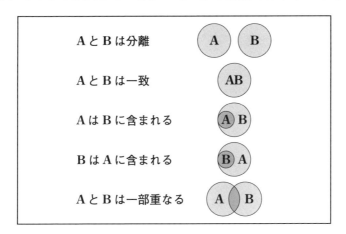

図7-1　集合の包含関係

　一つの集合に属しているものを**要素**または**元**という。

二つの集合を考えるときその間の包含関係は図7-1によって表現すると理解しやすい。これには，次のような場合がある。

　　AとBは分離（AとBとの共通の要素がない場合）
　　AとBは一致（AとBとの要素が同じ場合）
　　AはBに含まれる（Aの要素はすべてBに含まれる場合）
　　BはAに含まれる（Bの要素はすべてAに含まれる場合）
　　AとBは一部重なる（一部の要素がAとB共通に含まれる）

2-2　提言判断

　「AはBである」のような判断は提言判断といい，このときのAを主語といいBを述語という。この状態は図7-2のように表現できる。

　　全称肯定　すべてのものがそうである
　　全称否定　すべてのものがそうでない（一部にそうでないものがある）
　　特称肯定　あるものがそうである
　　特称否定　あるものがそうでない

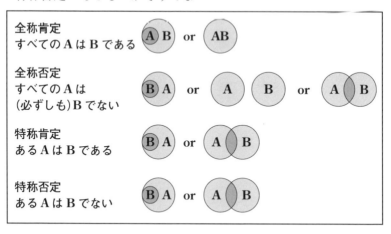

図7-2　提言判断

ここで，「すべての人が賛成している」は全称肯定であり，「一部の人が賛成している」が特称肯定となる。このように集合を用いると，ある物事が特定の範囲の中に含まれるのか含まれないかが考えやすくする。

2-3 命題

一つの判断を言葉によって表したものを命題という。命題は真であるか，偽であるかはっきり確定できるものでなければならない。例えば，「ゾウは動物である」は命題であるが，「鳥のように空を飛びたい」のような可能性や願望を述べたものは命題ではない。

命題の形式は「PならばQである」（P→Q）のように表現する。このときPを仮定，Qを結論という。また，Pの否定を$\overline{P}$と書く。このときP→Qに対して，Q→Pを逆，$\overline{P}$→$\overline{Q}$を裏，$\overline{Q}$→$\overline{P}$を対偶という。もしP→Qが真であるならば，逆や裏は必ずしも真でないが，対偶は真となる。これは，集合の図をかけば明らかであることが示される。

3. 推論の展開

推論によって，既知の前提から新しい結論を導き出す思考である。それには，「演繹」と「帰納」の二つがあるが，問題解決では，「仮説的推論」も重要なものの一つである。これらの真偽は集合や命題の考えを基として判断する。

(1) 演繹的推論（定言的三段論法）

一般的な法則を個別的な事柄に適用して，個別的知識を導き出す思考である。ここでは三段論法という形式を用いて推理を行う。

例えば，
・この地域でとれたキノコは味が良い。
　このシイタケはこの地域でとれた。

ゆえに，このシイタケは味が良い。
というものであり，このような手続きからは必ず正しい結論に達する。
　しかし，実際には，思い込みや前提の条件にまどわされて誤った結論を導き出すことがある。例えば，次のようなものがある。
　　・運動をする人は公園が好きだ。
　　散歩が嫌いな人は公園が嫌いだ。
　　ゆえに，運動をしない人は公園が嫌いだ。

(2) 帰納的推論

　いくつかの個別的知識から，一般的法則を導き出す思考である。演繹推論とは異なり，一般的法則を導き出す時に新たな意味情報を加える。
　そのため可能性の高い結論は得られても一義的に結論を決定することはできない。しかし，「概念」を理解し形成するのに必要なものである。
　　・向かいの家のAさんは元気だ。
　　右隣りの家のBさんも元気だ。左隣の家のCさんも元気だ。
　　ゆえに，この近所の家の人はみな元気だ。

(3) 仮説的推論（アブダクション）

　事実をうまく説明するために，仮説を形成して推論を行うものである。基本原理と個別事例から一般的な関係を導いている。
　　例えば，
　　・水泳競技の選手は泳ぐのが速い。
　　彼女は泳ぐのが速い。
　　したがって，彼女は水泳競技の選手ではないか。
である。人はこのような論法を用いてものごとの一般的な関係を明らかにすることがあり，そして，このような結果はひらめきというべき発見につながることが多いので創造的思考といわれる。ただし，このアブダクションは帰納的推論と同じで，間違いも生じる。

4．因果関係

　現実の世界では，論理だけでは十分説明できない。それは物事が生じるのは，何か原因があってその結果として現れると考えるからである。そのため，因果律が存在することを前提として，原因は何か，その結果何が生じたかの因果関係を分析する。

　原因と結果の関係としては次のようなものがある。

　　① 共変（相関）関係があること　出来事Aが出来事Bの原因であるならば，両者は一緒に変化しなければならない。
　　② 時間的順序が明確であること　出来事Aが出来事Bの原因であるならば，AはBよりも先に起きなければならない。
　　③ 第三因子がないこと　出来事Aが出来事Bの原因と考えられるならば，A以外にBを合理的に説明できるものはないことが必要である。

　実際には，因果関係がないのにも関わらず人の認識として錯覚が起きることがある。このため，原因と結果が逆になる論法（前後論法）が生じる。また，同時に二つのことが発生した場合，前に発生したことが原因で後に発生したことが結果であると考えやすいが，あくまでその過程が証明できなければ，あるいは解釈できなければそれらは因果関係で結ばれていないことがある。

　例えば，「血液型がA型の人はある職業に向いているので，もし血液型がA型であればその職業に就くべきだ」という問題がある。ある職業に向いているかどうかは，血液型（あるいは遺伝的特質）だけで決まらず他の理由もある。また，ある職業の人の血液型を調べて仮にA型の人が一番多いという結果がでても，人口に占める割合もA型の人が一番多ければ，必ずしもこのような結論にはならない。

5. 確率判断

　将来について完全に確実なことだけを扱うならば解決策として実施できることは制限される。実際は，問題解決では，将来に対する予測や見通しを立てて行うことが多い。

　あることが起きるかどうかは，偶然に支配されてあらかじめ知ることができない。このような場合，私たちは，あることが起きるかどうかを予測するときに，どのくらい確実かという判断を日常的によく行っている。確率とは，このような「確からしさの度合い」を比率に対応させた概念である。例えば，ある試みが10回行われたとき結果としてあることが3回起きた場合，そのことの起きる確率は0.3であるという表現をとる。そしてこの数値によって判断することが確率判断である。

　あることAが起こり，さらにこれと別な事象Bが起きたというように，いくつかの事象が結合した事象を複合事象という。この場合，事象Aと事象Bの関連は次のようになる。

```
Aが起きる     0.4 ┬ Bが起きる    0.4    確率 0.4×0.4 = 0.16
                 └ Bが起きない  0.6    確率 0.4×0.6 = 0.24
Aが起きない   0.6 ┬ Bが起きる    0.5    確率 0.6×0.5 = 0.30
                 └ Bが起きない  0.5    確率 0.6×0.5 = 0.30
```

　このように事象Bが起きる確率は0.16＋0.30＝0.46となる。ここで最初に事象Aが起きるかどうかの確率を事前確率，Aの後にBが起きるかどうかの確率を事後確率という。

　ここで，確率には，様々な経験などから前もって確からしさがわかっている場合や，調査を行い分類ごとにあることが含まれる比率や様々な事柄の構成比を求めて数値化された場合などがある。

　この考え方を発展させ，意思決定の流れに，確率的な判断を加えたも

のが，図7-3のようなディシジョンツリーである。

　この結果，選択肢の「バスの増便＋駐輪場の建設」は8千万円使い46％減，「バスの増便のみ」は5千万円使い24％減，「駐輪場建設のみ」は3千万円使い30％減となる。これは政策判断の基礎情報となる。

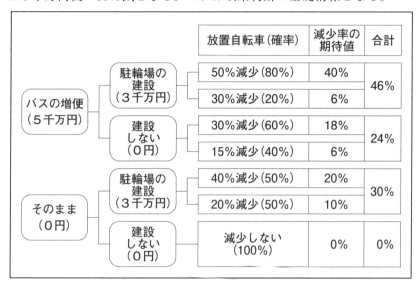

図7-3　放置自転車対策のディシジョンツリー

6．選択による決定の方法

　規則性や偶然性の視点だけでは解決策が決められない場合，目標や評価基準を自分の価値判断によって決定したり，いくつかの段階で仮説を立てて考えたりして，自己の意思決定に基づいて問題解決を進める。

　次のような流れで意思決定を進めることが多い。

(1) 問題の設定

　最初に問題を提起して内容を決定する。その枠組みを決めた段階でお

およそ導き出される方策は決まるので,この決定は非常に重要なものとなる。ここでは,問題は抽象的に捉えず具体的に考える,既成概念や組織における暗黙の前提にとらわれない,手段と目的をはき違えないようにする,失敗やリスクをおそれないようにすることが重要である。

(2) 問題の定義

問題を定義する場合,まず,基本的な問題について疑問をもちそれについて検討を行う。さらに,習慣的な視点を見直して新たな問題として考えたり,問題を転機に変えたりすることを行う。

ここでは,問題を細分化し定量的に把握し,文章化を図る,人によって言葉に対するイメージの差・立場・価値観の相違があることを認識して進める,事実の把握のため現場の状況について十分調査し,生データをもとに考えることが重要な点である。

(3) 目的の体系化

問題に対する自分の理想,関心,願望などを箇条書きなどで表現してまとめる。それらを検討整理して評価項目をつくる。

(4) 問題点の掘り下げ

問題点を考察する場合,現象面にとらわれず,因果関係を分析して本質的な原因をさぐり,問題に応じて適切なデータの分析を行う。目標を解決するためにどうしても必要なことについては,対策や解決の余地(実効性,人員,コスト,時間など)を見極める。また,解決にあたって,課題に優先順位をつけて考えるとともに,解決策の効果・効率を上げることを考える。

(5) 最終目標の設定

評価項目を中間段階の目標と最終目標に分ける。最終目標の意味を明らかにし,問題との適合性,理由付けなどを検討してまとめる。

(6) 選択肢の作成

自分の考えをもとに，経験，情報収集，第三者の意見などを参考に選択肢を作り出す。その選択肢を制約条件や関係者の合意などを考慮して問題に合わせて改善して決定する。
(7) 結果のまとめ

最終的に残った選択肢についてそれらの内容を十分検討する。それぞれを相互比較できるような結果表を作成する。選択した方策について具体的に記述し説明のための資料を作る。
(8) 妥協点の模索

異なる次元の項目について比較評価が可能であるか検討する。そして，評価項目の間で等価交換を行って評価項目を減らす。選択肢の間の最終的な優位性を順序づける。

7. 分析の視点

(1) 文章の意味

日本語の文章は，「いつ，どこで，誰が，何を，どのように，どうした」というように，主語と述語，目的語，原因と結果，仮定と結論，分類，類縁語などの関係から互いの項目が結びついているような関係がある。この組み合わせによって多様な意味が生じるので，論理的に考えて，このような言葉の関係を確かめることが重要である。
(2) ゼロベースの視点

重要な点や既存の方法を見直す場合，ゼロベースの視点で物事を最初から見直す。つまりゼロの状態から検討し直すことが必要であり，あることを行うことについて，本来必要であるか，効果があるのかというところから始まる。ゼロベース予算として，組織の既存の事業についてはほぼ自動的に予算をつけ新規事業のみを厳しい査定の対象とするという

予算編成法とは異なり，現行の事業も新規事業と同様に毎年ゼロを出発点として分析し査定して予算を編成する手法が知られている。希少な資源をもっとも効率的に配分することによりマネジメントの効率性を高めることができる手法であるとして，近年，広く採用されている。

(3) ブレークスルーの発見

問題を分析する場合，困難や障害となるところを突破するために重要な点，効果のある点について，十分に時間や経費をかけて議論を集中させて検討する。ここで，その突破口がブレークスルーと呼ばれている。ここでは，組織を改編させてしまうことや実施計画の変更が付随することも想定して考えていく。

(4) 全方位の視点

現状を変えようという視点とは対照的に，ある事柄を維持するために，安全性や保守性を維持する視点からの考え方がある。ある事柄をまんべんなく見渡して，それに影響を与えることを列挙し，それらに対して，事柄に悪い影響を与えないように要因を排除し，常に維持できるような状態にしていく考え方である。

8．事例

＜テーマ＞　病院運営の流れ

これはある病院におけるチーム医療体制を目指した職員の行動の流れを考察したものであり，適切な病院運営を実現するために，現状を分析して，様々な要求を目標に向けて課題を解決するシステムを作り出すための分析的な思考の紹介である。

ここでは，まず，チーム医療体制の内容とそれを実行するための職務上の役割についてまとめており，そのために職員の間のコミュニケーシ

ョンの重要性を述べる。

次に，いままで行われてきた実際の経験に基づいた問題解決のアプローチを紹介する。オーソドックスな方法として問題を顕在化したときの状況を分析し，そして事象の複雑な場合や限られた時間の場合など制約条件の厳しい場合での問題解決の方法を紹介する。

問題解決を考える上で誰もが実現可能な処理を見出していくときの考え方としてのガイドラインの内容に，経験に基づいた知見を加味した実際の作業の流れを紹介する。

(取材協力：帝京科学大学生命科学科，
香取おみがわ医療センター　堀和芳氏)

参考文献

[1]『考えることの科学―推論の認知心理学への招待』市川伸一（中公新書，中央公論社）1997年
[2]『意思決定のための「分析の技術」―最大の経営成果をあげる問題発見・解決の思考法（戦略ブレーン BOOKS)』後正武（ダイヤモンド社）1998年
[3]『意思決定アプローチ「分析と決断」』ジョン・S・ハモンド他（ダイヤモンド社）1999年
[4]『MBAエッセンシャルズ』内田学（東洋経済新聞社）2001年

演習問題 7

次の文章は論理的に正しいか。命題を考えてみよう。
① 弁護士は法律の専門家である。Aさんは法律に詳しい。だからAさんは弁護士だろう。
② マグロは海の中を泳ぐ。カツオも海の中を泳ぐ。サンマだって海の中を泳ぐ。したがって，魚は海の中を泳ぐものだ。
③ 「元気でいるなら手紙はくれなくてよい」と彼にいった。彼から手紙は来ない。ゆえに，彼は元気でいるだろう。
④ 体重が重すぎるとあの山には登れない。Aさんはあの山を登り切った。つまりAさんは太りすぎではないだろう。

[解答]
①正しくない，②正しくない，③正しくない，④正しい

8 | 学習記録と振り返り

秋光 淳生

《目標&ポイント》 問題は個人で処理するものと組織で対処する場合がある。この章では前半のまとめとして個人での問題解決に焦点をあてて，特に記録と振り返りについて考える。
　この章の学習目標は次の3つである。(1)経験からの学びについて理解する。(2)振り返りの仕方について理解する。(3)自分の学びについて振り返り，そのあり方について検討する。
《キーワード》 経験学習，振り返り，メタ認知，eポートフォリオ

1. はじめに

　前章までで問題解決のプロセスについて論じてきた。個人で問題解決を行う場合，問題について把握し，それを分析し，解決策を考え，実行するという手順になると述べた。過去の経験について思い出してみよう。「問題解決をしている」ということを自覚していたかどうかは別にして，現状と理想との間に何らかのギャップを感じ，そのギャップを埋めるために行動したという経験は思い当たるものがあるのではないだろうか。問題の大小は別にして問題解決についてのなんらかの経験を積み重ねてきたと言えるのかもしれない。では，そうした経験から何か学んだことはないのだろうか。ここでは，経験からの学習について，特に振り返り（リフレクション，省察）に着目して考えてみよう。

2. 振り返り

　経験からの学びについての考察をした人物としてよく知られているのがジョン・デューイである。デューイは「真実の教育はすべて，経験をとおして生ずる」と考えた（[1]）。その中で彼は，経験について，人の内面だけで完結するものではなく，人とその周りの環境との「相互作用」であり，また，過去に起こったことから何かしらを引き継ぎ，そして以後起こることの質を修正し得る「継続性」という２つの性質を持つと述べている。そして，そうした性質を持つ，経験を元に学び，さらに，その経験が推移していく中で，発展した経験や能力がさらなる将来の学習の出発点になると考えた。人は経験とともに学び続けるということなのだろう。

　こうした「経験から学ぶ過程」について，デービッド・コルブは「具体的な経験」をする力，そして，それを反省したり観察したりする「省察的観察」をする力，観察したことを統合するような概念を創造する「抽象的概念化」，意思決定や問題解決を行うために，抽象化した概念を活用する「実践的試み」をする力という４つの能力が必要であると述べた。そして，これらを図8-1のようにPDCAサイクルのように学習サイクルとして表現している。彼は，学習とは具体的経験を起点にしたサイクルであり，それらのサイクルが一生涯継続していくものであるとしている。例えば，放送大学で学んでいてある学期に何単位かを取得したとしよう（具体的経験）。その経験を多様な角度から振り返り（省察的観察），自分はいつ，どのように学ぶと勉強が進むのか，そして，各学期何科目履修したらよいのか，また，どういう科目を選んだらよいのかを考える（抽象的概念化）。そして「各学期に履修する適切な科目数を決める」。その科目数は実際に履修した科目よりも多いかもしれないし，

少ないかもしれない。また，履修しようと思う科目の選び方も変わっているかもしれない。そして，そのアイディアを元にまた次学期に履修する計画を立てる（実践的試み）。

また，コルブはこの4つの概念を用いて，人には4種類の学習スタイルがあると述べている。それは，具体的な経験と省察的観察を好む「拡散型」，省察的観察と抽象概念化を好む「同化型」抽象概念化と実践的試みを好む「収束型」，実践的試みと具体的な経験を好む「適応型」の4種類である。

グラハム・ギブスはこのコルブの学習サイクルを踏まえ，経験からの振り返りについて，図8-1のような詳細な振り返りサイクルを提案している[5]。

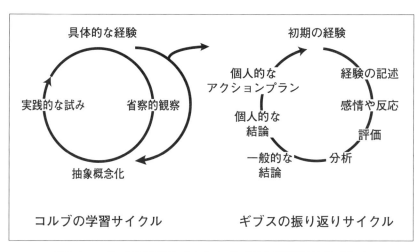

図8-1　コルブの学習サイクルとギブスの振り返りサイクル
　　　（[3][4][5]を基に作成）

その振り返りサイクルは図8-1のように

(1) 経験を記述する：何が起きたのかを記述する。この段階では判断したり結論を引き出したりはしない
(2) 感情や反応：その時にどのように感じ行動したのか。分析はしない。
(3) 評価：その経験で良かった点，悪かった点は何か。
(4) 分析：その状況はどんな意味があると理解できるか。
(5) 一般的な結論：経験や分析から一般的にどのように結論づけることができるか。
(6) 個人的な結論：自分自身に対してのみの，特定な状況について結論づけられることがあるか
(7) 個人的なアクションプラン：次に似たような状況があった場合にはどのように行動するだろうか。何か違ったことをするか。

の7つの段階がある。

　この図をもとに自分の過去を振り返ってみよう。この振り返りの最初のポイントは経験について記述することであり，その上で，その感情や反応を書く。この段階をきちんと分けて記述することである。書く前に印象に残っているのは感情や対応かもしれない。しかし，もし同じことを他の人が経験した場合には，その人は自分と同じように反応するとは限らない。ある出来事を経験した時にどのような感情が生起するか，そしてその時に自分がどのように行動するかには，その人だけのものの見方，感じ方，行動の仕方を反映しているからである。そこで，経験とその時の感情や反応とは分けて考える。

　例えば，「自分が任されたいと思っていた仕事を，上司が他に任せて腹を立てて仕事に行きたくない」という場合には，「この分野では自分に任されるべきだ」と思っていたのにも関わらず「上司は他の人の方が相応しい」と思ったことに腹を立てたのであり，「その分野では自分が評価されるように頑張ろう」という思いになるということもあるだろう。

経験と感情や反応を切り離すということについてはマインドフルネスの分野でも言われることである。1979年にJ. カバット・ジンはマサチューセッツ大学メディカル・センターにストレス・クリニックを開設し，仏教における瞑想を基本とした「マインドフルネスストレス低減法」という8週間のプログラムを開発した。マインドフルネスはその後第3世代の認知療法として，そして他にも教育などの分野にも応用されている。

　マインドフルネスとは今現在の瞬間に，意図的に，価値判断をせずに，注意を払うことであると定義される。つまり，今，この瞬間を大事にするということである。そして，そのためには，価値判断をしないということは大切な考えであり，カバット・ジンは，偏見のない第3者の目をもつために，「内的・外的なさまざまな体験に対して，常に評価をくだし，反応している自分に気づかなければならない」としている。

　第5章では，定量的な考えについて書いた。例えば放送大学で学んでいて，勉強時間が取れないという問題を抱えていた場合に，まずは自分がどれだけ勉強したかを記録していくということは有効だろう。勉強したときには気分良く，勉強時間を記録していても，勉強しなかった時にその時間を記録するというのは気が乗らない。そこで，結果的に記録も残さないと時間が経って忘れてしまうと振り返ることもできない。逆に，記録をつけていくことによって，まとまった時間はとれないけれど，朝や昼休みなどに細切れに時間を確保して勉強する方が自分には向いているということに気づくこともあるかもしれない。

　また，ウェインシュタインとアルシュラーは，幅広い年代に，忘れがたい過去の経験を思い出してもらい，そこから生まれる自己知識について調べている（[7][8]）。彼らは，自己知識の語る内容については4つの段階があり，その段階を分けるのは年齢ではなく発達段階にあると述

べている。子供が自分に起きた出来事を語る場合などを想定して読んでみよう。それによると，まず，第一段階は語られる要素に因果的なつながりがない，断片的に経験を語る段階である。第二段階は個々の要素が因果的につながり，経験を全体の状況として語ることのできる段階である。「心配した」や「混乱した」というようないくつかの組み合わせとなる複雑な思いなどを語ることができる段階である。しかし，別の状況とどのようにつながっているかといった複数の状況の関連性や複数の場面での対応の一貫性などはあまりない段階である。第三段階は経験や自分の行動をパターンとして語ることができる段階で，共通の特徴を持った一連の出来事についての一貫した内的反応について語ることができる段階である。第四段階はパターン化した自分の内面を監視し，そのパターンを修正できる段階としている。つまり発達するにつれて，経験をパターンとして見て，自分にどのような特徴があるのかを自分自身で把握できるようになるということを意味している。

　学びについても，多くのことを学び，知識を増やすということも意味のあることだが，それと同時に，自分が何を知っていて，また何を知らないのかを把握しておくということも必要なことである。この自分が何を知り，何を知らないかというように，「自分が認知していることについての認知」のことを**メタ認知**という。自分のことを少し離れた視点から客観的に見て，自分をコントロールすることができることは社会人として求められる汎用的なスキルである。こうしたメタ認知を養ううえで，自分の学びなどの記録を残し，振り返るということが有効である。

3．ポートフォリオ

　自分の経験などの記録を残し，振り返るための方法としては日誌をつ

けるということが挙げられる。また，近年，こうしたツールとして大学においては，eポートフォリオが利用されるようになっている。そこで，eポートフォリオについて紹介する。教育の分野においては，学習のテストやレポートなどの自分の学習の成果や学習過程の記録を自分なりの目的のもとで収集したものを**ポートフォリオ**という。かつてはノートやファイルなどで集められていたものが，近年は電子データとして蓄積されるようになってきた。電子データとして蓄積されたポートフォリオをeポートフォリオという。

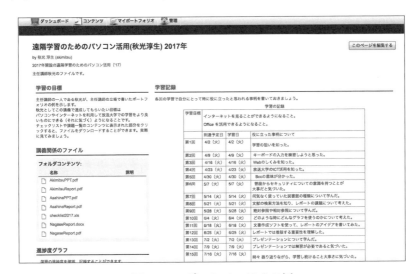

図8-2　eポートフォリオの例

そして，自分の学習記録を電子データとして保存，整理し，またその中から目的にしたがって自分の学習成果を再構成してWebページを作成するなど，eポートフォリオの作成を支援するためのソフトウェアも開発されている。こうしたソフトウェアの多くはWebアプリケーションであるため，単に一人一人がページを作るというだけではなく，学生

と教員間でコミュニケーションを行える。そのため，自分の学習成果を他の学生に公開し，それを元に学生同士でコメントし合うということが行われるようになった。Web の掲示板であるテーマについて議論し，その議論自体をも学習過程の記録として活用できるようになっている。

このように，Web やパソコンを利用することで，今までは保存できなかったような学習記録も蓄積できるようになってきている。すると自分でメモをしなければいけなかったものが自動で蓄積されるものもでてくるかもしれない。電子データについてはデータの複製や蓄積ということが比較的容易にできる。

記録を残すというと自分にとって嫌なこともすべて保存しなければいけないということではない。ただ，良いか悪いかの判断は後からできるものであると考え，記録を残す努力をしてみることも有効だろう。

最後に，自分自身について考えてみよう。自分の業務や学びについてどのように記録を残しているだろうか，記録に残すために何かしていることはあるだろうか。電子的なツールとなると負担が大きいという場合には，日誌でも良いかもしれない。最初はハードルが高いと思っていた事柄も，それを習慣にすることによって継続して行えるということもある。記録を残し振り返る習慣をつけることを考えてみよう。

4．まとめ

この章では個人での取り組みとして，振り返ることの重要性について述べた。何か経験をした際にそのままにせず，振り返ることが大切だということは多くの人が理解しているだろう。具体的な振り返りの手順まではあまり考えたことはなかったかもしれない。そこで，ここでは，詳細な振り返りについて紹介した。毎回すべての段階を経て振り返りをす

るのは手間も時間もかかるが，一度経験しておくとよいだろう。

　現代の社会は変化のスピードが早く，一度身につけた知識や技術が長く通用するという時代ではなくなっているということは以前にも述べた。そうした変化に適応するためには生涯に渡って継続的に学ぶことが求められている。と同時に，時には自分が学んだことを棄却する（**アンラーニング**）ことも必要になってきている。大人になってから何かを学び直す時には，自分の経験や知識が邪魔をして時として難しいこともある。自分が学んだことが通用しないということは苦痛を伴うこともあるだろう。しかし，通用しなくなったことをいつまでも引きずることも得策ではない。そのためには自分を客観視することが大切であろう。その点では振り返りは有効な手段であろう。

　また，ここでは，個人での問題解決という観点から，個人だけで行うことを中心に述べてきたが，自分自身を見つめるという作業は個人だけの取り組みではなく，人との関係の中で決まるものでもある。

　2017年に報告された第3期教育振興基本計画に向けた基本的な考え方によれば，「教育に求められるものは，個人の面においては，自立した人間として，主体的に判断し，多様な人々と協働しながら新たな価値を創造する人材を育成していくこと」とある（[10]）。以上を通して考えると，多様な人との関わりの中で自分自身を振り返り，見つめ直して，そして学び続けることが大切であると言えよう。

参考文献

[1]『経験と教育』ジョン・デューイ著　市村尚久訳（講談社学術文庫）2004年
[2]『いかにして問題を解くか』ジョージ・ポリヤ著　柿内賢信訳（丸善出版）1954年
[3]『成人期の学習-理論と実践』シャラン B. メリアム，ローズマリー S. カファレラ著　立田慶裕，三輪建二訳（鳳書房）2005年
[4]『Experiential Learnig : Experience as the Source of Learning and Development』David A. Kolb（FT Press）1983年
[5]『Learning by Doing』Graham Gibbs（Oxford Center for staff and learning Development）2013年
　　https : //thoughtsmostlyaboutlearning.files.wordpress.com/2015/12/learning-by-doing-graham-gibbs.pdf
[6]『マインドフルネスストレス低減法』ジョン・カバット・ジン著　春木豊訳（北大路書房）2007年
[7]『プロセス・エデュケーション　学びを支援するファシリテーション理論と実践』津村俊充著（金子書房）2012年
[8]『Educating and Counscling for Self-Knowledge Development』G. Weinstein and A. S. Alschuler, Journal of Counseling and Development Vol. 85, p19-25（Wiley Online Library）1985年
[9]『教育分野におけるeポートフォリオ』森本康彦，永田智子，小川賀代，山川修編著（ミネルヴァ書房）2017年
[10]第3期教育振興基本計画の策定に向けたこれまでの審議経過について
　　http : //www.mext.go.jp/component/b_menu/shingi/toushin/__icsFiles/afieldfile/2017/10/04/1396919_03.pdf
　　（2018年10月1日最終アクセス）

演習問題 8

　振り返りを行ってみよう。振り返りについては氷山に例えることができる。普段意識していること，理解していることはもしかしたらごくごく一部かもしれない。振り返ることによってどんなことが見えただろうか，書き出してみるとどうだろうか。

解答
　（省略）

9 | 発想を広げる

柴山　盛生

《目標&ポイント》 分析的に進める方法とは異なる発想のアプローチを考える。問題の解決策を導く上で，アイディアを出すために物事を発散的に考えたり，通常の関係とは異なる結びつきを考えたりすることを繰り返して発想を広げる方法を学ぶ。ここでは発想に関して，概念，知識，連想などについて説明し，それを基礎とした発想を広げる手法を紹介する。
《キーワード》 概念，知識，連想，発想，図解による整理

1. はじめに

　アイディアを出すためには，思いつくままにできるだけ多くのことを発想し，新しい概念を形作るために，今までにないような組み合わせを考えていくことが効果的であることが知られている。

　発想を広げるように考えるとは，必ずしも論理的な手順によらないで，既成概念にとらわれずさまざまな可能性を求めて考えを展開することである。問題を提起するときや解決方法を考えるときには，このような思考方法が重要となる。

1-1　記憶と発想

　人が物事を次々と思い浮かべることができるのは，いままでに蓄積した記憶の中から意図的にあるいは無意識に情報を取り出しているからである。記憶には，保存期間の長さにより，刺激情報が入ってからおよそ30秒以内で忘れてしまう**短期記憶**と，それ以上で何分間から何年間にわたって保持されている**長期記憶**とがある。発想する場合，その瞬間に外

から取り入れた情報による場合もあるが，多くの場合は長期記憶の情報によるものである。

長期記憶には，次のような手順や事柄に関するものがある。
(a) 手続き記憶　自転車に乗れる，パソコンを操作できるなどの一連の動作や情報を操作する方法に関する知識
(b) 宣言的記憶　事柄を覚える記憶
　① 意味記憶　ものの名前や本に書いてある情報などの一般的な知識の記憶
　② エピソード記憶　こどもの時に動物園にいった，去年映画をみた，のような個人の体験にかかわる記憶

これらのような記憶の中から情報が次々と取り出され，効果的に組み合わされた結果，良いアイディアが生まれると考えられる。

1-2　知識の体系

どうすれば多くの事柄を記憶し，またそれを効果的に再生することができるであろうか。問題解決では，意味記憶が多く使われると思われるが，ものとものとを効果的に関連付けられるかどうかによって記憶や再生の良否が決まるといえる。ここで，効果的に関連するとは，一般的に知られている属性だけでなく，自分独自の分類方法や価値体系によっても影響する。つまり，発想する場合，知識を取り出しやすい体系になっているか，あるいは記憶した知識体系がその問題にうまく対応しているかなどが意味をもつようになる。

これを例に示すと，ある人が動物に関連して記憶している知識体系が図9-1であったとする。こうすれば，物事をばらばらに記憶するよりもはるかに多くのことを記憶できるし再生も容易である。

この例では，身近な動物の種類を思い浮かべる場合に適した体系であろうが，動物の色や食べ物に関する場合にはあまり適していない。

そこで，取り出した情報だけでは問題の解決に有効でない場合，それらを基にさらに発想を続ける。そして，集めた情報を問題にあった体系に組み替えることが必要となる。

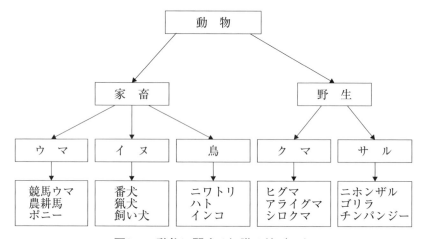

図9-1　動物に関する知識の結びつき

2. 発想の基礎

2-1　発想の視点

発想では，そのものの特徴，イメージ，言葉の意味などをもとにすれば連想を行うことが比較的簡単である。ここで，本来は自由に発想していくことが重要であるが，難しい場合は，次のような視点や手順によって発想を広げる。

(1) 目標に即して考える。
　① 願望を列挙してそれを実現する。
　② 現在の欠点を列挙してそれを解決する。

(2) 何かの特徴に結びつけてアイディアを出す。
  ① 対象の属性・特徴などをキーワードにする。
  ② 他の分野における事柄の属性・特徴を対象にあてはめる。
  ③ 本来の属性を元に連想ゲームを行って飛躍を求める。
(3) 言葉遊びをする。
  ① 「風が吹けば桶屋が儲かる」というような大胆な仮説をする。
  ② ことわざ，名言，名文句などの趣旨を基に発想する。
  ③ 辞書から同音異義語を見つけて発想する。
(4) 視覚的な資料からイメージをわかせる。
  ① 写真，イラストが載ったカタログなどをもとに発想する。
  ② スライド，ビデオ，映画などの場面を見ながら発想する。

2-2 連想マップ

そして，連想したものを言葉や図によって図解化して，その流れや構造を表したものをマップにまとめる。**図9-2**は，連想した物事が様々に結びついている様子をマインドマップに表したものである。

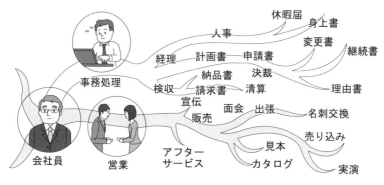

図9-2　マインドマップ

3. 発想の技法

前述のようなことを踏まえて，いくつかの発想の手法について説明する。まず，事柄の概念やものとものとの関連性を拡大させて，解の候補や条件を広げる方法を説明する。

3-1 属性列挙

まず，物を細かく分けていくとアイディアは出しやすくなるという考えをもとにした方法について述べる。まず，物や対象の特性をたくさん挙げる。その属性について，形は，材料は，製法は，機能はというようにいくつかの特性に分けてそれぞれについてアイディアを出して発想を広げていく。そしてそれぞれの性質，例えば，形容詞的な性質として，形，色，大きさ，デザインなどを挙げて特性を分類する。それぞれの分類ごとに，それぞれの特性をもっと伸ばす，あるいは欠点を改良するというようによりよいものを考えていく。この方法は製品の改善などの技術的な問題に適用するものである。

この発想を行う時，抜け落ちがないようにチェックリストをあらかじめ作成しておくと便利である。例えば，代表的な発想のチェックリストであるオズボーンのリストには，転用（新しい用途），応用（似たもの），変更（属性の変更），拡大，縮小，代用，再配列，逆転（位置や順序の逆転），結合（部品や目的の付加）などのキーワードがある。

3-2 メタファー

製品ではなく，自然の中のものや現象などを考える場合は，例えを重視した見方をとる。ここで，ものとものとの類似性を言葉によって表現する技法を総称してメタファー（比喩表現）という。「今日は滝のように雨が降っている」というように，日常や文学などにおいてよく用いられる表現である。このような，感性的な発想によって概念を拡大するこ

とができる。

　文学の表現形式（レトリック）として比喩については多くの種類があるが，主なものは次のとおりである。
① 提喩（シネクドキ）　部分によって全体についてまたは全体によって部分について代用する表現である。
　　例　御飯（一般的な食べ物と米の飯），花見（一般的な花と桜）
② 換喩（メトニミー）　ものとものとの隣縁性で関係付ける。
　　例　電話を取る（全体と部分），やかんが沸く（入れ物と中身）
③ 隠喩（メタファー）　見立てを行って形容する。
　　例　目玉焼き，たい焼き

3-3　アナロジー

　次に，ものとものとの見かけの形や状態でなく関係の類似性（アナロジー）によって連想を拡大することを学ぶ。

　例えば，地球の引力下での野球のボールの運動を月の運動に適用することや，国の働きについて，国と国民の関係を家と家族の関係として対応させて説明することなどがある。このように，アナロジーは物事や現象を理解しやすくするために説明理論や発明発見などにおいてよく用いられるものである。この思考を活用して発想を拡大することができる。

　アナロジーを活用した思考法として，ウィリアム・ゴードンによるシネクティクスという方法があり，次のような例が紹介されている。
① 個人的なアナロジー（その当事者や構成物になって考える）
　　例　歴史上の人物になったつもりである決断をする。
② 直接的なアナロジー（他の分野の似たものを結びつける）
　　例　電話機の発声機構と耳の鼓膜
③ シンボル的なアナロジー（文字や記号から離れて視覚イメージとしてとらえ似たもの同士を結び付けて考える）

例　ゆっくりと荷物を降ろす（タンポポの種とパラシュート）。
④　空想的アナロジー（空想によって，現実に存在しないことを考え，それをヒントにして実際に可能な手段を考える）
　　例　大砲の弾に乗って月に行く（月ロケットの設計）。

3-4　ブレーンストーミング

　アレックス・オズボーンが提唱したブレーンストーミングは，グループでアイディアを出す方法としてよく知られている。
　ブレーンストーミングの原理は「内容が正しいかどうかをその場で判断しなくてよければ，自分の意見を言いやすいのではないか」と「通常の考え方を超えて発想を広げよう」という考えからきている。ひとりで考えていてもなかなかよいアイディアは浮かばないとき，人の意見に刺激をうけて新たな発想を促すことを目指したものである。
　ブレーンストーミングは，自由に意見を言えるような雰囲気の下で活発な意見交換を行うため，次のような原則にそって行う。

　　　・自由奔放（自由で奇抜な意見を出しやすい雰囲気で行う。）
　　　・批判厳禁（他人の発言を批判しない。）
　　　・質より量（できるだけ沢山の意見を出す。）
　　　・便乗発展（他人の意見に便乗して意見を発展させる。）

　あるテーマについて，問題点を引き出すために，グループで自由にアイディアを出して，問題点の列挙や解決方法の方向性を発想する。そして出た意見を記録してまとめる。この場合，アイディアをより多く引き出したり，まとめやすくしたりするために，口頭で意見を言う代わりに，一つのアイディアを一枚のカードに書き出していくカードBS法を組み合わせて行うことがよく行われる。

4．図解による整理

　様々な発想を行ったあとはそれを図解化して，内容を明確にするための整理を行う。

4-1　マトリックス図

　マトリックス図とは，縦の並びの要素と横の並びの要素との組み合わせによって，すべての要素の組み合わせを一目で見えるようにしたものである。この表を作成することによって，どこが重要な箇所である，あるいはどこが欠点となっている，などが明らかになってくる。

4-2　親和図法

　川喜田二郎が考案した方法で，発想や収集した情報をカード化して空間配置し，問題の整理や理論の体系化を使うものとしてKJ法がある。

　この流れは，まず，問題に関する様々な情報を，調査，資料分析，討論などを行って収集する。これらの情報について一つの課題につき一枚のラベルに記述していく。そして，このラベルを縦横に順不同に並べ，お互いに似たもの同士を少数の一つの束に集める。このような束について，それぞれ全体の意味を短い文で表現してそれを表札として束の上に置く。今度は幾つかの束を集めてより大きなグループにしてそれらに表札をつける。これを繰り返して束の数が少なくなったらグループ編成作業を終了する。次に，これらの束を大きな紙の上に配置して全体を図解化する。最後に，図解化したものを文章に記述する，または，図解を示しつつ口頭発表をするものである。

　このKJ法で図解化する場合，ラベルの内容の事柄相互の親和性によって整理を行っている。事柄同士の内容の近さは，問題を考えている人の感性に依存する。たとえば，図9-3は，ある人が各事柄の互いの関係付けを行って，問題の構造を表現したものである。

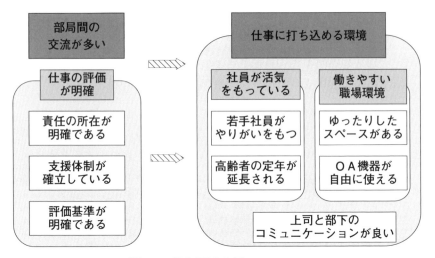

図9-3　親和図法の例

4-3　連関図法

親和図法では，項目をグループ分けする場合，感性によって「情念的」に関係付けを行うのに対して，連関図法ではより「論理的」な流れにそって関係付けを行うのが特徴である。

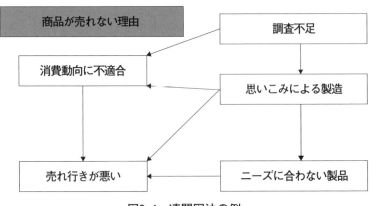

図9-4　連関図法の例

ここでは，原因と結果（目的と手段）などの関係から構成される問題について，原因から結果を矢印でつないで関係づけを行い，具体的な解決策を考えていくものである。特に，問題を分析するために必要なキーワードがわかっている場合に有効である。

4-4 系統図法

問題の分析において，まず大きな目的を達成する手段は何か，その手段を目的としたときの手段は何か，さらにその手段を目的としたときの手段は何か，というように，上位レベルから下位に向けて順次展開していって図解化したものが系統図法である。

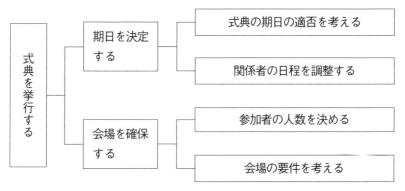

図9-5　系統図法の例

手順として，はじめに究極的な目標を掲げてカードに記載する。この目標は一般に「～を～するためには」となるように考える。そして，設定した目的・目標を達成するために必要と思われる手段・方策を抽出する。手段・方策の表現は「～をする」となるようにする。

抽出した手段・方策が適切なものであるかどうかを評価して，次の手順に残すものと残さないものを決める。そして残した手段・方策をカー

ドに簡潔に記載する。

　このようにして，作成したすべての手段・方策カードをその前の「目的」となる手段・方策カードの後（右側）に逐次配置していく。配置が終了したら，それぞれの「目的・手段」の関連に従って線でつないで系統図を作成する。この手順の終了後，「手段」からみてその上位の「手段（目的）」が本当に達成できるか確認する。すべての抽出した手段・方策が適切なものであるかどうかを評価して，全体図を完成させる。

5．事例

＜子どもの科学教育＞

　科学教育をとおして，偏見のない自由な発想を育てるための教育について考える。科学教育においては，自然に関する知識を与えるという考え方に加えて，科学的な概念を構築させることや，本来の教科内容に対して子どもが持っている誤った概念を変えることも重視される。子どもの思考過程・学習過程や，生徒の思考を正しい科学的思考へと変容させる方法に関しては広範な調査や様々な試行の結果が重視される。

　さらに教育において学習者自身が大きな役割を果たすこと，学習者が事前に持っている知識と理解が学びに有意な影響を及ぼすこと，そのためには学習者にとって適切なレベルの指導を与えるのが重要だということがある。実践においては，目的に応じてどのような考え方・方法を選択していくかが重要である。ここでは，科学の考え方，手順，そして課題などについて実践をとおして理解するアプローチをとる。実際に行われた科学教室の状況や子どもや指導者の感想なども概観する。

（協力　お茶の水女子大学大学院　植竹紀子氏）

参考文献

[1]『発想法』川喜田二郎（中央公論社）1976年
[2]『基礎からわかる情報リテラシー』奥村晴彦・三重大学学術情報ポータルセンター（技術評論社）2007年
[3]『続・発想法』川喜田二郎（中央公論社）1979年
[4]『認識のレトリック』瀬戸賢一（海鳴社）1997年
[5]『アナロジーの力』ホリオーク他（新曜社）1998年
[6]『新編創造力事典』高橋誠（日科技連）2002年

演習問題 9

次の二つ項目はどのような類似性により関係付けられているか。
① 生活　＜人生と川＞
② 科学　＜脳とコンピュータ＞
③ 社会　＜自由な経済活動と神の「見えざる手」＞

答の例

① 人生の経過と川の流れの対比，人生の目標と川の終着地など
② 情報を記憶し，様々な演算を行って問題を計算するなど
③ 目に見えない作用であるとともに，その作用で国の統治や人の道徳に関して秩序が保たれるなど

10 | 組織での進め方(1)

門奈　哲也

《目標&ポイント》　組織で問題を解決すると，個人よりも広範囲の問題について解決を進めることができる。また，組織で問題を解決すると継続的に，かつ安定的に問題解決を繰り返し取り組むことができる。個人と組織では問題解決の手法の組み合わせが異なる。グループワークではその進行役であるファシリテーターが重要な役割を持っている。本章では，組織で問題解決を実施するにあたっての実践的な心構えについて学ぶ。
　この章の学習目標は次の3つである。(1)組織運営の進め方。(2)グループワークの進め方。(3)組織における問題解決の考え方。
《キーワード》　ワークショップ，グループワーク，2・6・2の法則，ファシリテーター

1. はじめに

　組織として問題解決する場合，組織には様々なレベルがある。趣味のサークル等は，人は集まるがグループと呼ぶのがふさわしい。組織の代表的なものは企業であり，官公庁であろう。企業活動の一つの目標として継続していくことである。問題解決の取り組みにおいて，優秀な一人の社員がいて実施できていたとしてもその時は良いが，その社員が退職した後に，別の社員に適切な教育ができていなければ，組織として問題解決のしくみを継続することができない。個人各々に対して教育する方法もあるだろうが，せっかく教育したとしても人事異動で職場が変わってしまうこともある。そこで，最低限の手法を個人が習得し，組織活動

で問題を解決して維持していくしくみが必要である。ここでは企業や団体等で実務に実践的に利用される進め方について学習する。

2. 組織運営の進め方

(1) 個人と組織

　問題解決は，一人の場合と複数の場合がある。複数のメンバーで何らかの作業をすることをグループワークという。また，参加者が自ら参加，体験して，グループメンバーの相互作用の中で何かを学びあったり，創造したりする協働作業のことをワークショップという。

　組織で問題解決する際の長所は，広範囲に物事をとらえることができ，知識や情報を補い合うことである。組織は，複数の人の集まりであるから，違った視点で物事を考えることができる。一人では，思いつかなかった，新しいことも見つけることができる。そして，組織として問題解決方法の実績が積みあがってくると，メンバーが入れ替わったとしても継続的に安定してPDCAサイクルを繰り返し実施できるようになる。

　その反面，当たり前のことであるが，メンバーの協力が必要で，非協力的なメンバーがいるとグループワークが適切に行われなくなる。また，人数が多くなると選択した対策案の意思決定に時間がかかってしまう。

(2) 解決のメンバー構成

　メンバー構成は，問題解決をする内容によるが，簡単な問題であれば同一部署のメンバーで構成したほうが効率良く実施できる。このメンバーは背景をよく理解しており事前の具体的な説明をしなくても迅速に問題解決ができる。

難問であったり自部署の組織を超えるような大きな問題であったりする場合は，部署を超えた多様なメンバーで構成する方が多角的視点で問題を分析できるため対策を導きやすくなる。

問題解決ができるのはグループだろうか，それとも一人だろうか。一匹狼のような優秀なスーパースターメンバーによって画期的なアイディアが導き出されることは多い。しかしながら，会社内にスーパースターが大勢いるわけでもないから，普通の人でも問題解決を円滑にできるように組織化したやり方を考える必要がある。

部署や企業を超えてグループワークをするには，ワークショップ形式で実施することが多い。ワークショップの関係者の一般的な例を図10-1へ示す。

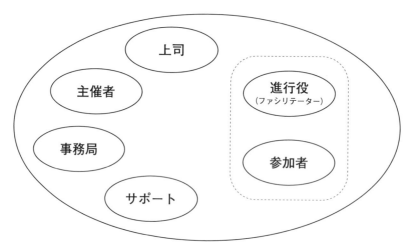

図10-1　ワークショップ実施における関係者

それぞれの役割の概略は次の通りであり，ワークショップを行うには多くの関係者の協力によって実施される。組織運営を行うには，関係者

が協力して実施することが大切である。
　①参加者
　　グループワークを実施する当事者である。関係する組織から派遣される。また，問題解決するテーマにもよるが，技術部門と営業部門や物流部門など幅広い関係者を集めた方が多角的視点から検討できる。
　②進行役（ファシリテーター）
　　ワークショップを設計して実施し進行する役割，ファシリテーターと呼ぶ。
　③上司
　　参加者を職場から送り出す役割で，人選やテーマ設定の情報提供の他，参加者が職場へ戻ってきてからのフォローを行う。
　④主催者
　　ワークショップ全体の企画をおこなう。各部署や各社のニーズに合わせてワークショップの目的を関係者と調整して決定する。
　⑤事務局
　　参加者への連絡，実施スケジュールの調整や会場の準備，ワークショップ終了後のレポートの作成などをおこなう。
　⑥サポート
　　ワークショップの事前資料の準備，当日の会場設営，ファシリテーターの支援をおこなう。

3．グループワークの進め方

(1) 研修とグループワークの違い
　新たな知見を取り入れるものとして研修があるが，グループワークとの違いを一言でいえば，研修は講師から受講者へ一方的な情報提供であ

り，グループワークは参加者の相互作用によって新たな知見を生み出し認識する活動である。それぞれの特徴を次の通り述べる。

①研修
- 個人の学びやモチベーションを高める。各個人に何らかの学びがあればよい。
- ゴールの設定が明確。受講者に理解してもらいたいレベルが予め設定されており，講師はそのレベルまで持っていけるように指導する。
- 同じプロセスを毎回適用できる。知識や情報の提供であることが多いため，主催者側は，同じ内容の研修を何度でも繰り返し実施することができる。

②グループワーク（ワークショップ）
- チームとしての協働性。メンバーが協力し合って作業を進めていく。
- 複合的効果。メンバーの相互作用によって，主催者側の狙いを超えた効果を出すことができる。
- 目的や状況でプロセスを調整。目的やメンバーの状況に合わせてワークショップの進め方を調整する。同じ目的でもメンバーが異なれば進め方や得られる成果が異なる。

(2) ワークショップにおける参加者とファシリテーターの役割

ワークショップが始まるとファシリテーターと参加者は次の点を意識して作業を進める。

①進行役（ファシリテーター）
- 状況にあわせてプログラムを変える。メンバーのレベルや進捗に合わせてより良い結果がでるように進行を調整する。
- 予想外の成果を得る。異なるメンバーの持ち味を活かし，相乗効

果を得る。
　・チームビルディング。メンバーの参加意識を高くしてグループワークの質を高める。
②参加者
　・自然体，協調性。参加するには特段の準備は不要であるが，日ごろから問題意識を持っている必要がある。グループワークの際は，問題解決に積極的に協力する。

(3) ワークショップの段取り

　昔から仕事は「段取り八分仕事二分」と言うが，ワークショップについても同様のことが言える。**図10-2**はワークショップの準備における流れで，上段の数字は全体を10としたときの割合をしめしている。この図は一つの例であるが，事前の準備と終了してからのフォローが重要であることを示している。

　企業内の問題解決であれば，各部門からの要請により主催者が目的・目標を関係部署と調整して定める。主催者は，方向性が決まったらワークショップのファシリテーターと想定される参加者から具体的テーマを設定する。これらの条件に沿って，ファシリテーターは，ワークショップで用いる方法論と技法を検討し，ワークショップを実施する。実施後は，参加者からアンケートをとり，実施結果とあわせてレポートとしてまとめる。この結果を主催者へ報告する。ファシリテーターは報告の結果から，次回開催のために改善点を整理し見直しを行う。

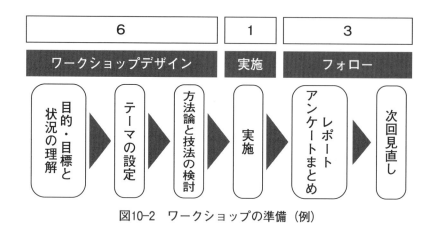

図10-2　ワークショップの準備（例）

(4) ファシリテーターに求められる能力

ワークショップの進行役であるファシリテーターに必要な能力（スキル）は図10-3へ示すように広範囲におよぶ。

- 場のデザインのスキル：参加者が自由にグループワークできる雰囲気づくり
- 対人関係のスキル：参加者の意見をよく聞き，参加者の発言の意味を受け止めて，グループで共有するとともに，アイディアが発展しやすくする。
- 構造化のスキル：複数のアイディアを論理的に集約して意味づけできるようにする。
- 合意形成のスキル：ある程度論点が明確になった段階で，グループとしての結論を参加者が認め合いながら結論を決定する。

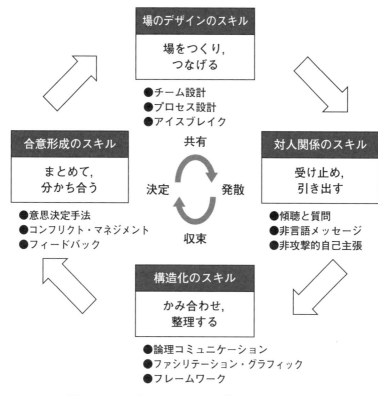

図10-3 ファシリテーターに求められる能力[1]

4. 組織における問題解決の考え方

(1) 「2・6・2の法則」

　組織でいろいろな調査をすると，意識の高い人が20％，意識の低い人が20％，どちらとも言えない人が60％の比率になるという経験則があり，「2・6・2の法則」と呼ばれる。

問題解決においても改善意欲の高い人，どちらでもない人，改善意欲の低い人の割合がこの「２・６・２の法則」にあてはまることが多い。プロジェクトを組んで問題解決に当たる場合，改善意欲の低い人をはずせば，残りの80％の人の意欲が高くなるかというと，必ずしもそうはいかず「皆が一所懸命に参加するのなら，自分ひとりくらいはゆっくりしよう」と考える人が出てくる。結果として残り80％の人が「２・６・２」に分かれる。逆に，改善意欲の強い20％の人がいなくなった場合，「自分たちで何とかしないといけない」と思う人がでてきて，残りの80％の人が「２・６・２」に分かれる。組織における人間の心理を表している。

　組織中での個人の考え方は，こういうものである，という考えに立ち，問題解決を進める際に，意欲の低い人を何とか高めよう，と無理をしないことである。

(2)　問題意識を持った人を活用する

　第三者から見ると個人にとっても，組織にとっても明らかに問題があるのに本人や組織自体が問題と認識していない，あるいは知っていても大したことはないと思っていることがある。問題のない人，問題のない組織はない。しかし，問題意識がないと問題は見えてこないことになる。「問題はない」と思っている人や組織こそ問題であると言える。

　「問題があることは悪いことである」と思う人がいる。問題が起きることは悪いことなのだろうか。生きていれば生活の上でも，仕事の上でも様々な問題に直面する。しかし，何となく過ごしていると問題と自覚しないまま見過ごしてしまうことになる。「もっと良くできないか」「何か困っていることはないか」と問題を積極的に探す人は問題を早期に見つけるので，解決も簡単で早くなる。

5. まとめ

　問題解決は，優秀なメンバーがいれば画期的なアイディアで創造的な問題解決ができる可能性があるが，優秀なメンバーだけを育成することは容易ではない。企業や団体等の視点では継続的に安定的に問題解決を実施する必要がある。三人寄れば文殊の知恵ということわざの通り，多様性を持った複数のメンバー構成により，多角的な問題分析と問題解決ができる組織づくりと，問題解決を進める進行役（ファシリテーター）の育成を進めていくことが大切である。

6. 事例

＜ワークショップ　ファシリテーターの仕事＞
　ワークショップについて実践的な取り組みをしているスリーエムジャパン㈱に協力をいただき，ワークショップの進行役であるファシリテーターの役割や準備の方法について事例を紹介する。
　同社は，グループワークには欠かせない「付箋」のほかテープや接着剤，研磨材など化学の分野で幅広い工業製品を販売している。同社の神奈川県相模原市の同社相模原事業所内にあるカスタマーテクニカルセンターでは，顧客の技術面での問題解決を同社が持っている技術で解決できるかどうかを，顧客を交えたワークショップを行っている。
　今回は同社でファシリテーターとして活躍している太田さんにインタビューし，ファシリテーターの役割や準備の方法の解説と，ファシリテーターを育成していくためのアドバイスをしていただいた。

　　　　　　　（スリーエムジャパン㈱相模原事業所長　永野靖彦さん）
　　　（スリーエムジャパン㈱ワークショップデザイナー　太田光洋さん）

(異業種交流会のワークショップ参加メンバーのみなさん)

参考文献

[1]『ワークショップ入門』堀公俊（日本経済新聞出版社）2008年
[2]『問題解決手法の進め方』柴山盛生，遠山紘司（放送大学教育振興会）2012年

演習問題 10

グループで問題解決を行う場合のメンバー構成について述べている。次のうち誤っているものはどれか。

(ア) グループの人数は多ければ多いほどよい
(イ) 事務局はグループを側面から支援する
(ウ) 問題意識を持った人を集める
(エ) 経験則でメンバーの20％は意識が高くなる
(オ) 簡単な問題であれば同一部署のメンバーでもよい

解答

(ア)
グループの人数は多すぎると発言できなくなるメンバーがでるため非効率となり，多ければ多いほどよいとは言えない。

11 | 組織での進め方(2)

門奈　哲也

《目標&ポイント》　複数の人数でアイディアを出す場合，色々な意見が出て収集がつかなくなることがある。またその逆に，見知らぬ相手と実施すると遠慮しがちになり意見が出ないこともある。本章では，グループワークの進め方について，手法を活用して効果的なアイディアの出し方，手法，評価・選定方法について学習する。
　この章の目標は次の3つである。(1)グループワークの準備。(2)アイディア出しと収束。(3)振り返りとまとめ。
《キーワード》　ブレーンライティング，ブレーンストーミング，カードブレーンストーミング，チームビルディング，アイスブレイク

1. はじめに

　問題解決において，いくら優秀なメンバーが集まったとしても，目標を明確にし，適切な手順で検討を進めないと，誤った結果を導くことになる。また，特に優れた問題解決力を持っていなくても，適切な手順を踏んで検討を実施することで大きな結果を生む可能性もある。ワークショップ全体は，進行役であるファシリテーターによって進行される。ワークショップの流れは図11-1に示す通り，チームビルディング，グループワーク，振り返りの順番で進める。問題解決にはたくさんのアイディアを出し，最善の解決策を示すことが大切である。ここでは手法を組み合わせてグループでどのように進めていったらよいかの実践的な手法を学習する。

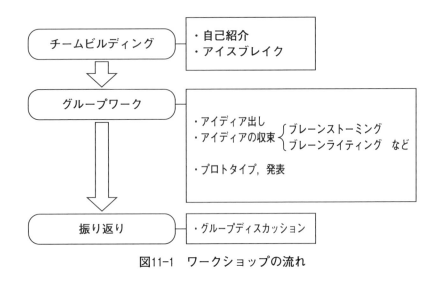

図11-1　ワークショップの流れ

2. ワークショップの準備

　ワークショップで重要なのは，参加メンバーによる協働作業が円滑に行われることである。そこで，最初に，同じ目標に向かってグループメンバーの協働性を高める取り組みとしてチームビルディングをおこなう。

(1) 進め方の共有

　全体の流れと段階および終了時間の概略を決めておく。貴重な時間であるから，短時間で効果的に進めることが大切である。あまり長い時間検討をしたとしても，疲労感がでて思考が停止し良いアイディアがでてくることもなくなる。

(2) チームビルディング

　運動をする前には準備運動があるように，アイディア出しの時も同様

に，アイディアが出やすい状況をつくる。アイスブレイク（Ice Break）とは文字通り氷（ice）のように冷たくて硬い雰囲気を壊す（break）という意味であり，固まった氷を壊して溶かし，最初の段階でその緊張を解きほぐしておく手法である。特に初対面のメンバーの場合，最初に意見が出にくい状態が続くため，自由な発言をしやすい雰囲気を作り，メンバーが積極的にかかわってもらうために働き掛ける。

　アイスブレイクの内容は，グループ単位又はペアで，自己紹介に合わせて最近の出来事など1分程度で簡単に，順番に一人ずつ発言する。このとき，他人の意見をよく聞き，話し手に共感し関心を持つことが大切である。話す側もできるだけ場が和むような，最近経験した楽しかったことや感動したことなど，小さな話題でもよいのでポジティブな内容にすることが望ましい。半日くらいのグループワークなどでは，時間に余裕があるため，アイスブレイクで5〜10分程度，簡単なゲームをしてもよい。どのような方法でもよいので，グループ内に仲間意識を持たせる状況を作る。

(3)　テーマの確認

　グループワークの時間や人数およびメンバー構成等に応じて，テーマを細分化するなどあらかじめ調整しておく。テーマは抽象的過ぎず，具体的過ぎないほうがよい。

　グループワークの最初に，メンバー全員でテーマを確認する。テーマを理解できていないと間違った意見が出て効率が悪くなることもある。テーマは作業中に見えるにようにホワイトボードに書いておくなどしておく。議論の中で自由な発想は大切であるが，テーマを理解させ逸脱しないように周知しておく。そして，メンバーがテーマを意識してテーマに沿った自由な意見ができるようにする。

3. アイディア出しと収束

　作業に慣れたメンバーの場合は特に司会者を決めなくても進行できるが，経験が浅いメンバーが多い場合にはグループ内の流れを支援する司会者を決めておいてもよい。ここでの司会者は，進行を支援することであって，グループの一員として検討を進めていく。

(1)　アイディア出し（発散）

　まずは，アイディアを分野にかかわらず，広範囲に出す。テーマの全体に対してできるだけ分散し，一部に集中しないようにする。テーマに沿うことが望ましいが，この段階では，多少テーマを超えたものがあってもよい。最終的に方向性を見極めるときに分類する。

　アイディア出しの進め方は，慣れていればいきなりブレーンストーミングを始めてもよいが，声が大きい人の意見に偏りがちになってしまうことが多い。そのため，ブレーンライティングまたはカードブレーンストーミングから始めるとよい。

① ブレーンストーミングの進め方と特徴

　　チームでテーマに沿って自由にアイディアを出していく。第9章で学習した方法であるため概略の特徴を説明する。自由に発想してよいが，発言したことは忘れてしまうため，必ず発言したことは当人か，書記が付箋に記載し，メンバーが見えるように壁に貼ることが大切である。

　　また，ブレーンストーミングのコツは，単に発散すればよいということではなく，メンバー各々がテーマを意識していることが重要である。これは発想に壁を作るということではなく，テーマに対して深掘りをしていくという意味である。

　　さらに，あえて批判的に考えてみることも大切である。肯定ばかり

しているとアイディアの方向性が一方向になってしまう可能性がある。これは，アイディアに対して批判をいうことではなく，相手のアイディアを受け入れ理解した上で，その欠点を指摘して穴埋めするアイディアや，逆の方向のアイディアもあるといった思考を持つ意味である。

② カードブレーンストーミングの進め方と特徴

　ブレーンストーミングを一人で行う方法で，ブレーンライティングとブレーンストーミングの中間的な手法である。手順は，メンバーへ20枚程度の付箋とペンを配布する。5～10分程度の時間で，一人で書けるだけのアイディアを出す。アイディアが出尽くした様子がみられたら時間前でも終了してよい。テーマにもよるが，一人あたり5つ程度のアイディアが出ていれば十分である。この手法は，ブレーンストーミングの前に実施すると効果的で，ブレーンストーミングの最初に沈黙が出やすいグループや，発言力のあるメンバーの意見にアイディアが集中することを避けることもできる。そして，このアイディアを壁に貼って，ブレーンストーミングの呼び水とすることができる。また，グループで集合する前に，事前課題として記載し，作業時間の短縮を狙うこともできる。

③ ブレーンライティングの進め方と特徴

　メンバーが円状に向かいあって作業をする。手順は，それぞれアイディアを記入する紙を持ち，アイディアを何個か記載する。所定時間が経過したところで自分が書いた紙を左隣の人に渡す。自分のところには右隣のメンバーが記載した紙がくるので，その情報も参考にしながら，新しいアイディアを記載する。そして1周程度したところで，アイディア出しを止める（**図11-2参照**）。1回当たりの記載時間は2分程度である。1回で数個程度記入できればよい。A4かA3の紙に

所定サイズの付箋を貼って，付箋毎に1アイディアを記載しておくと，その付箋をそのまま使ってグルーピングなどへの展開が容易にできる。

　この方法の特徴は，最初の段階で自由に全員が声の大小に関係なくアイディアを出せることである。ブレーンストーミングを行ったとき最初にほとんど発言がでないような職場では，この方法を利用すると確実にアイディアが出てきやすい。最大の特徴は，ブレーンストーミングに比べてアイディアが出る効率が良いことである。ブレーンストーミングでは，誰かが発言しているときに，他のメンバーは静かに聞いているルールになっている。そのため一人の発言中は1つのアイディアしか出てこないが，ブレーンライティングは，同時に人数分のアイディアが出てくるため，アイディアの質は別として，最初の段階で，所定時間に広範囲に数多くのアイディアを出すには良い方法である。

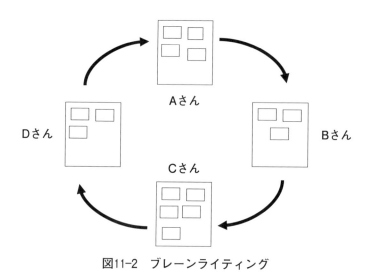

図11-2　ブレーンライティング

④ 手法の組み合わせ

　実際のグループワークでは，特定の手法にこだわることはなく，メンバーの特性や問題解決の段階に合わせて組み合わせて実施する。

　グループワークに慣れたグループでは，最初からブレーンストーミングを実施するほうが短時間でアイディアを出すことができる。通常では，最初にカードブレーンストーミンングまたはブレーンライティングを実施し，メンバーのアイディアを万遍無く出してもらってから，その情報を基にして，ブレーンストーミングに入ると，意見が出やすくなる。

⑤ ワールドカフェ方式

　言葉の通り，世界のカフェを渡り歩くといったイメージである。あいまいな問題について，発散しながら問題点を見つけていくことに適している。例えば，20年後の世の中はどうなっているかなどといった問題を取り扱う。ここでは，図11-3で示すように4つのテーブルに4人ずつ分かれた場合について説明する。全体で，同一テーマ，または，テーブルごとに異なるテーマを設定する。まず，各自座ったテーブルで，テーマに対してアイディアを出す。所定時間経過後，別のテーブルへ移動する。ただし，1名だけは，移動せず，議論の経緯の説明者として残る。3～4回程度入れ替えたら終了とする。

　アイディア出しは，そのテーブルで議論された内容を基に，新たなメンバーで，新たな発想で，アイディアを膨らませていく。

　イメージとしては，ブレーンライティングをグループ単位で実施するようなものである。この方式は，アイディアが発散しやすいため，新しい斬新なアイディアを出すときに優れた方式である。

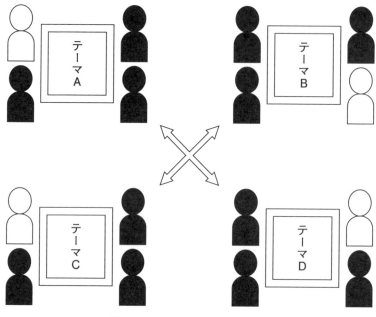

図11-3　ワールドカフェ方式

(2) アイディアの収束

　第9章で学習した親和図法を用いてアイディアの構造化を行う。アイディアが記載された付箋を，似ているアイディアを集めてグループとしてまとめる。グループができたらグループごとに統合した名称を記載し意味づけを行う。この作業によって，アイディアを上位概念として構造化することができる。

　このとき，グループに入らない少数アイディアがあるが，その他として分類しておく。その少数意見に対して何らかの価値があると思う場合は，そのアイディアに対して追加のアイディアを加えて新しいグループを作っても構わない。

(3) 評価・選択（アイディアの採用）

　アイディアがたくさん出て，アイディアのグループ分けをしても，まだ複数のアイディアがあり，どれを採用したらよいかわからないということが多い。また，声の大きい人の意見で決めるのもよい方法とも思えない。そこで，任意の評価軸や点数付けをすることで客観性を持たせてアイディアを採用する。次の手順にて絞り込みを行う。

　①評価（点数付け）

　「青：実行が容易」，「赤：効果が高い」，「緑：新規性が高い」といった基準を設けて，それぞれ3個ずつシールを各メンバーが持って，アイディアに貼りつける。

　②仕分け（ペイオフマトリクス）

　　点数付けをしても絞り切れない場合は，点数付けされたアイディアを使って，縦軸と横軸の4象限の座標をつくり軸の意味づけに合わせ配置を行う。この手法をペイオフマトリクスという。**図11-4**は，青と赤のシールが貼れたものに対して軸を設定したものである。再配置することで，アイディアに対する見方が変わり，取り組むべき方向性が見えてくることが多い。

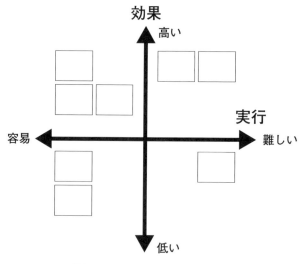

図11-4　ペイオフマトリクス

③選択

　このとき，すぐに実行したい問題であれば，実行容易で効果が高いものを選ぶ。さらに，新規性の高いものを採用したいのであれば緑が多いものを選ぶなど，問題の目的に合わせて判断を決める。

(4) プロトタイプと発表

　プロトタイプとは，アイディアの試作品を作るということである。選定されたアイディアは，まだモヤモヤしたイメージ的なものである。このためアイディアを可視化できる作業を行う。絞り込んだアイディアについて，ポスターへまとめたり，紙などを利用して工作したり体験できるようにして，アイディアを作り上げていく。作業は，個人単位や，グループ単位で行う。

　次に，作成したプロトタイプを，グループ外のメンバーを前にして発

表し，評価してもらう。そのコメントに対して必要に応じて修正し，より完成度を高めていく。

(5) アイディアの記録

最終的なアイディアが残っていれば，各検討段階の記録を紙で残す必要はない。もし，報告書等で途中段階の記録が必要であれば，グループワークの段階毎の区切りのよいところで，検討したアイディアをデジタルカメラへ写真として記録しておく。そのようにすれば，アイディア出しの段階で，付箋をわざわざ書き直さなくても，一度書いた付箋をそのまま次の段階へ利用することができ効率的である。

4. 振り返りとまとめ

アイディア出しが終わり，解決案も出たところで，グループワークのまとめを行う。

(1) アイディアのまとめ

最終的に決まったアイディアを記録として残すために清書する。付箋で議論した内容はその場では記憶していても，1週間も過ぎると最終案に決まった理由など忘れてしまう人もいる。そこで，アイディアが決まった理由や背景などの説明文を簡単で良いので記載しておく。

(2) 全体の振り返り

今回のグループワークについて参加したメンバーで振り返る。一人1分程度で感想を述べる。特に記録として残すまでは不要であるが，良かった点や反省点について共有し，今後のグループワークへ活かしていく。

(3) アイディアの提案するレベルについて

提案内容は，無難なものがよいのか，それともアッと驚く提案がいい

のだろうか．提案内容は組織のテーマや目的によって選定する．例えば，即効性が必要な問題であれば，難易度は高くなく実行可能性が高いものがよい．ありふれた内容は避けたいが，その対策が実施できないことになると問題解決そのものが実現できなくなってしまう．また，現状において特に問題はないのだが，高い目標を設定したいということであれば，新規性の高い対策を選ぶのがよいだろう．

5. まとめ

　ワークショップ全体は，進行役であるファシリテーターが進めるが，各グループでのグループワークは各メンバーの力量や協働性に左右される．グループワークの際に，手法通りに実施しても良いアイディアが出るとは限らない．手法にこだわり過ぎても平凡な解決策しか出てこないだろう．また，良いアイディアが出ても絞り込みがうまくできず，収集がつかなくなることもよくある．基本としては，アイディアを出して絞り込んだ後は，組織のテーマに沿った内容やグループとして一番やりたいものなどの視点から決定するのがよい．

　グループワークを身につけるには実践が一番重要である．ある程度手法を覚えたら，繰り返しグループワークを実施し，自分や組織に適した方法を見つけて効率的にできるようにしていくことが大切である．

6. 事例

＜ワークショップの進め方＞

　ワークショップについて実践的な取り組みをしているスリーエムジャパン㈱に協力をいただき，ワークショップの進め方について事例を紹介

する。

　同社は，グループワークには欠かせない「付箋」のほかテープや接着剤，研磨材など化学の分野で幅広い工業製品を販売している。同社の神奈川県相模原市の同社相模原事業所内にあるカスタマーテクニカルセンターでは，顧客の技術面での問題解決を同社が持っている技術で解決できるかどうかを，顧客を交えたワークショップを行っている。今回，複数の企業による異業種交流を含め次の内容のワークショップが開催され，事例として紹介する。

・ワークショップの目的「次世代テーマの探索」スリーエム社社員との対話と創発体験による交流。
・目標「つくりだしたい新しい常識を具体化するためのコンセプトを全員がつくる」
・テーマ「2030年につくりだしたい新しい常識」
　　　（スリーエムジャパン㈱ワークショップデザイナー　太田光洋さん）
　　　　　（異業種交流会のワークショップ参加メンバーのみなさん）

参考文献

[1]『問題解決手法の知識』高橋誠（日本経済新聞出版社）1984年
[2]『ミーティングソリューション　ガイドブック』スリーエムジャパン株式会社 2015年
　　https://www.mmm.co.jp/office/post_it/meetingsolution/pdf/ms_guidebook.pdf

演習問題 11

初対面のメンバーでグループワークを行うときの対処法として，適切な手法は次の中でどれを利用するとよいか。
- (ア) ブレーンストーミング
- (イ) ブレーンライティング
- (ウ) カードブレーンストーミング
- (エ) アイスブレイク
- (オ) 親和図法

解答

(イ), (ウ), (エ)

初対面のメンバーで最初からブレーンストーミングを始めると意見が出にくい場合が多い。そのため，最も適切な対処法はアイスブレイクを行い相手のことをよく知り仲間意識を持ってもらうことが大切である。

また，ブレーンライティングやカードブレーンストーミングのように一人で作業するアイディア出しも有効な対処法である。

12 | 組織での進め方(3)

門奈 哲也

《**目標&ポイント**》 問題を解決するにしても，まず問題を正しく理解しなければ適切な解決ができない。また，組織で問題解決するにはメンバー全員が問題の本質を理解し共有できている必要がある。この章では，問題を確実に認識すること，問題の本質をつかむ方法，あいまいな問題設定の場合の問題の見つけ方，そしてグループでの問題の共有の方法である，システム思考とデザイン思考について学習する。
　この章の学習の目標は次の3つである。(1)システム思考とデザイン思考の概要を理解する。(2)共感とプロトタイプ。(3)あいまいな問題の本質をつかむ方法。
《**キーワード**》 システム思考，デザイン思考，共感，プロトタイプ

1. はじめに

　工業製品を使いやすくするためにスイッチや操作レバーなどの配置を設計する工業デザイナーという職業がある。例えば，家庭用テレビゲーム機でいうと，ゲームを操作するスイッチ類が多岐にわたって並んでいる。このとき，単に機能の違いだけで並べただけでは，ゲームのプレイヤーにとって使いやすいとは限らない。プレイヤーの手の大きさや操作する頻度，動かす力具合などを配慮して適切な配置にする必要がある。使い勝手によって，そのゲーム機の売り上げにも影響するであろう。デザイナーという職業を専門としている人は，問題発見と目標設定，そして対策の方法を経験的に知って問題解決を行っている。大きなプロジェ

クトでは複数のデザイナーが協力して組織的に解決することもあるだろうが，日常的にはデザイナーは個人か少人数で問題解決を実施している。

　組織にて問題解決をする場合，デザイナーの問題解決の思考法をまねして組織で展開できるようにすれば，専門のデザイナーがいなくても，自組織のメンバーでも問題解決ができるようになるのではないか。

　本章では，システム思考とデザイン思考という手法の利用により組織が継続して安定的に問題解決ができる取り組みを学習する。

2．システム思考とデザイン思考

　まず，システム思考とデザイン思考の概要について図12-1に示す通り両者を比較しながら説明する。いずれも，あいまいな問題を明確にし，問題解決を行う手法であるが，アプローチが異なる。システム思考は，左脳的であり，論理的で，数学や，機能を重視する。物事をシステムとして，一言でいうと装置のように見立てて状況を表現し，確実な評価，検証をおこなう。

　これに対して，デザイン思考は，右脳的である。感性的，イメージ，直観を重視する。失敗しながらも何度も繰り返しながら，チームで協創する。観察，発想，試作ということを大切にする。

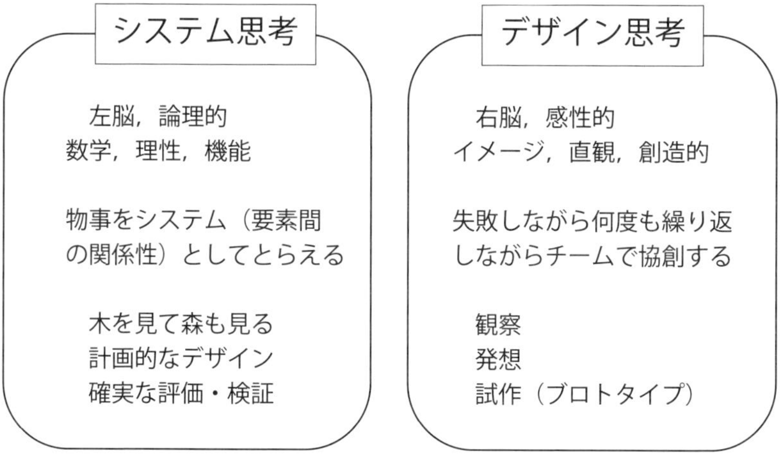

システム思考	デザイン思考
左脳，論理的 数学，理性，機能 物事をシステム（要素間の関係性）としてとらえる 木を見て森も見る 計画的なデザイン 確実な評価・検証	右脳，感性的 イメージ，直観，創造的 失敗しながら何度も繰り返しながらチームで協創する 観察 発想 試作（プロトタイプ）

図12-1　システム思考とデザイン思考の比較（[1]を基に作成）

3. システム思考

　具体的な事例でさらに説明する。分析する対象を複数の構成要素からなるシステムとしてとらえる。

　例えば，小枝が2本あったとする。これだけでは，ただの枝であり何の働きもしていないためシステムとは見なせない。もし，この小枝2本を，箸として使ったとすると，小枝は人の手と連動して，食事をするときの道具としてのシステムとして機能することになる。

　システム思考の考え方は，要素を見つけて，さらにそれらの相互作用から，機能を見つけていくというアプローチをとる。

　次にシステム思考のプロセスとして表現する。例えば，ある販売店の従業員の顧客に対する顧客満足度とその従業員のモラルとの関係が「従業員のモラルが上がれば顧客に対する応対が良くなり顧客満足度が上がり，さらに顧客満足度が上がることで，従業員がますますやる気を出

す。つまり，モラルが上がる」であったとする。これをシステム思考の図として表現すると図12-2の通りとなる。従業員のモラルが顧客満足へプラスの影響があるため矢印の横に「＋」を記載する。同様に，顧客満足度が従業員のモラルへプラスの影響があるため「＋」を記載する。

システム思考は，事象を，このような図に描き，関係性を明確にして，問題の本質を見つけて，問題を解決する方法である。

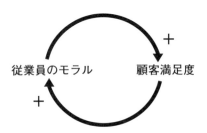

図12-2　システム思考適用例（[2]を基に作成）

別の事例として，品切れが起きたときの人気商品の例を示す。品切れが起きたことで，商品の人気に陰りが見え始める。これによって，人気が落ち着き，品切れが緩和される。これによって購入機会が増え人気が戻ってくるというループである。つまり「品切れが増える（↑）⇒人気が下がる（↓）⇒品切れが減る（↓）⇒人気が上がる（↑）」という関係である。図に表すと図12-3の通りとなる。品切れが人気へマイナスの影響があるため矢印の横に「－」を記載する。同様に，人気が品切れへプラスの影響があるため「＋」を記載する。

システム思考は，現状を図として示すことができるため，論理的に事象を理解しやすい。問題解決においては，作成した図を見ながら改善点を見つけて行く。

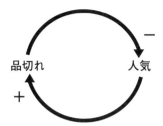

図12-3　システム思考適用例（[2]を基に作成）

4. デザイン思考

　これまでは，事象が発生している現場の状況を観察し，既存の延長線上で過去と同様の事象が発生するという視点で問題解決を実施することで対応できていた。しかし現代は，モノに充足した時代となり，様々な価値観を持つ人が増え，更に複雑であいまいで，これまで予想もつかなかった問題が増えている。また，世界の経済成長が鈍化する中で，お金を自由に投資できる時代ではなくなり，効率的な投資で問題解決する必要がでてきている。そこで，問題の背景まで深く探ることで，本質的な問題解決をする取り組みが求められている。ここではデザイン思考の手法について学習する。デザイン思考の方法は，元々優秀なデザイナーが実践できていた手法である。この手法を利用すれば，ある程度訓練したメンバーが集まることで，組織でも優秀なデザイナーに近い問題解決ができるようになる。

(1) デザイン思考

　デザイン思考とは，表面化されず気づいていない問題や，間違って定義された複雑な問題などを対処するのに極めて有効である。この手法は，図12-4に示す通り「共感」「問題定義」「発想」「プロトタイプ（試作）」「テスト」の順番に作業を進める。デザイン思考の5段階は連続的

ではなく，どの時点からでも前に戻って作業をやり直してもよい。

ここでいうデザインとは，形状，意匠，色といった美的感覚や物理的なものでなく，システムの設計の方法論に近いもので，個人，社会，さまざまの問題について創造性をもって斬新な方法で問題解決する意味合いとして取り扱う。さらに，ここでのデザインは，問題を発見し，解決するという意味で使う。誰もが持っている人間の本質の能力を利用する。

ポイントは，次の3つの条件を満たす問題解決をおこなう[4]。
・有用性：人にとって意味をもっているか
・実現可能性：経済的に問題はないか
・技術的実現性：現在または近い将来，技術的に実現できるか
という視点である。

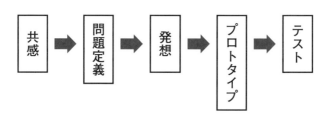

図12-4　デザイン思考のプロセス

① 共感

ユーザーのインタビューや観察，体験から利用者の物語を見つける。「ざわざわ感」を見つける。現場を観察することで，知らないことを知る。観察により無意識の動作や行動について理解する。

事前に設定した仮説に対して，予想通りという判断ではだめであり，変なこと，新事実を見つけ，これらを新しい価値として位置付けて問題の本質を見つける。

問題を抱えている人に「ニーズは何か？」「困っている点は何か？」と聞いても，すぐに本音は出てこない。当事者さえも自分たちの真のニーズを知らない場合が多い。何が起こっているのか，なぜそのような行動をとるのかを，現場，現物，現実を問題解決者自身の目で確認し，疑問を自ら体験して理解する。即ち問題について共感する作業を行う。

② 問題定義

現地調査の内容をまとめる。集まった情報から有益な着眼点に変換し，ユーザーが抱える問題点を明確にする。複数メンバーで当事者にインタビューした結果や共感の内容を，メンバーで意見を出し合って共有し，問題を抱えている当事者のニーズや行動パターンを意識して言葉として表現する。原因や意味を理解した上で問題を定義し，問題解決の目標を設定する。

このときのメンバーは，別の部門であったり異分野で異質な人材が集まっていたりした方が，多角的視点で問題点の気付きが生まれやすい。

③ 発想

明文化された目標に対して，どうすれば，私たちは達成できるかを，グループで議論する。このとき，できるだけ多くのアイディアを出し，その可能性を検討する。

④ プロトタイプ（試作）

アイディアを具現化させる。絵を描いたり，紙や段ボールなどを使ったりして工作をする。ラピッドプロトタイピング（迅速試作）ともいう。

・低コストでアイディアを検証する。

・学ぶためにモノをつくる。完成をめざすわけではない。

・重要なことは，完成品をつくるのではなく，ユーザーの本音を引き出す道具である。
・プロトタイプは目標の全体をカバーする必要はない。
　解決策の特定の部分をテストするためには，例えば車いすのハンドルなど，解決策の一部分だけを試作するだけで充分である。
⑤　テスト
　プロトタイプをユーザーに体験してもらい，アイディアやコンセプトを洗練させる。この時，共感の時と同様にユーザーのコメントや反応，行動などを観察し情報を書き出していく。テストによって書き出した情報から，改善点や深掘りすべき点などを整理して，アイディアを見直していく。ユーザーからコメントがもらえない場合は，ユーザーの立場に近い人や，今回の問題解決チームではない他のメンバーにユーザーの立場となってもらい実施することでもよい。もし，ユーザーからプロトタイプについて欠点を指摘されたとき，それは計算間違いではなく観察不足であるとし，考えていた以外に非定常作業があることに気づかず，想定外を見抜けなかったと理解したほうが良い。
(2)　失敗コストを最小限にする
　組織として業務として問題解決の活動をするわけだから，限られた時間で作業をしなければならない。できるだけ効率よく問題解決を実施する必要がある。
　問題解決にあたって，例えば1週間後に対策をまとめるとしたとき，1週間後に提案して全く対策になっていなかったとすると1週間が無駄になってしまう。デザイン思考の手法では，アイディアがある程度まとまった段階でプロトタイプを作って早い段階で提案をする機会をもらってユーザーからのコメントをもらうようにする。そして修正を繰り返して1週間後には，ユーザーの目標に適合した対策へ近づけて精度の高い

提案をする．デザイン思考は，小さく失敗して，失敗コストを最小限にする手法でもある．

(3) なぜプロトタイプが必要なのか

プロトタイプとは，アイディアやデザインの仮説，そのほかのコンセプトの考え方を低コストで素早くテストするのに用いる，シンプルな実験用モデルである．これによって，適切に対策案を改善したり方向転換したりすることができる．

初期の調査段階で収集した調査結果に固執してしまい，アイディアに対して思い込みが生まれてしまうことがある．プロトタイプでテストすることで，アイディアに対して抱いていた思い込みや推測を排除することができる．

プロトタイプは，アイディアを実現可能な形に変換する作業である．プロトタイプによって，チームはアイディアの長所と短所を見つけて議論することができるようになる．結果的に，ユーザーのフィードバックから学んだり，創造力を掘り起こすスキルを育てる機会を作ったりすることもできる．

5. まとめ

本章では，システム思考とデザイン思考という手法を使って，あいまいな問題を理解し解決する方法を学んだ．問題を解決するにしても，まず問題を正しく理解しなければ適切な解決ができない．システム思考は問題を論理的に図示することで状況を把握した．デザイン思考は事象に自ら体験し共感することで問題を理解した．問題を理解する方法は異なるが，組織で問題解決するにはメンバー全員が問題の本質を理解し共有することで，適切な問題解決へ展開することが大切である．

6. 事例

＜大沢縁側カフェ＞

　静岡市の山村で，過疎化が進む大沢という集落があり，ここで，「縁側カフェ」という取り組みをして，観光客が多く集まる場所になったという問題解決の事例を紹介する。

　集落の住民がどのように問題を認識し，問題解決していったのかを，システム思考とデザイン思考という問題解決手法をつかって分析をおこなった。この分析をしながら，システム思考とデザイン思考の手法について理解を深める。

（大沢振興会　代表　内野昌樹さん）
（株式会社販売促進研究所　代表取締役　杉山浩之さん）

参考文献

[1]『システム×デザイン思考で世界を変える―慶應SDM「イノベーションのつくり方」』前野隆司（日経BP社）2014年
[2]『実践システム・シンキング　論理思考を超える問題解決のスキル』湊宣明（講談社）2016年
[3]『システム・シンキング入門』西村行功（日本経済新聞社）2004年
[4]『デザイン思考が世界を変える―イノベーションを導く新しい考え方』ティム・ブラウン著，千葉敏生訳（早川書房）2014年

演習問題 12

問題を正確に把握する方法として次の中で誤っているものはどれか。
(ア) 当事者意識を持つ事が大切
(イ) 問題を持っている人に共感する
(ウ) 試作してユーザーに評価してもらう
(エ) ユーザーに直接意見を聞かない方が良い
(オ) プロトタイプの評価はユーザーでなくても他部署メンバーでもよい

解答

(エ)

ユーザーにはインタビューをして問題を抱えているニーズを聞くことが大切である。ただし，直接的に「ニーズは何か？」「困っている点は何か？」といった質問は，本音が出にくいため避けた方がよい。

13 | 集団の意思決定とコミュニケーション

秋光　淳生

《目標&ポイント》　集団での意思決定について見てきた。多くの人が集まって議論すればそれだけ多様な意見に触れることができるように見える。しかし，集団での意思決定が個人での意思決定よりも絶えず良い結果となるかというと必ずしもそうではない。この章の学習目標は次の3つである。(1)グループワークの阻害要因について知る。(2)集団での意思決定の難しさと良さについて知る。(3)アサーティブなやり取りについて知る
《キーワード》　社会的手抜き，集団の意思決定，コンフリクト対応，アサーティブ

1. はじめに

　集団，グループ，チームと人々の集まりを意味する言葉にも様々なものがある。広辞苑第七版によると，集団とは，

① 　多くの人や物のあつまり。「一集団」「武装一」
② 　(group) 持続的な相互関係を持つ個体の集団。団体。
③ 　[生] (population) 有性繁殖の可能性を通して結ばれた生物の同種個体の集まり。生態学でいう個体群に同じ。メンデル集団。

となっている。グループとは

① 　群，集団。
② 　共通点を持つ人や物の集まり。

となっている。また，チームとは

① 共同で仕事をする一団の人。
② 2組以上に分かれて行う競技のそれぞれの組。

となっている。そこで，この章では，集団やグループを同じ意味として，持続的な関係を持つ人の集まりとして同じ意味に用いることにする。そして，共通の目標に向かって行動している集団（またはグループ）をチームとして考えてみることにする。

さて，こうした人の集まりにおける意思決定の方法に関して考えてみよう。放送大学の放送授業では受講生も多いため，単位認定試験の形式も択一式が多い。択一式の試験問題を行った場合，主任講師には問題ごとの各選択肢を選択した人数や得点分布，平均点などが伝えられる。例えば，全体の平均点が70点だったとしよう。正答率は50％を切るものから100％に近いものまである。正答率の低い設問では，正答ではないもう一つの選択肢を多くの人が選んでいたり，どの選択肢も同じ割合で選ばれていたりする。担当した講師はこうした結果を見ることで自分が教えたことがどのように伝わっているのかを知ろうとする。そして，どの選択肢を選んでいるかという分布を見ると，正答率が50％を切る場合であっても，正答である選択肢を選ぶ人数が他のどの選択肢を選ぶ人数よりも多くなるものである。この場合に，試験を受験した人を一つのグループとみなしてグループの点数を決めることを考えよう。一つの方法はそれぞれの点数を合計して平均点を求める方法で，その場合には70点ということになる。しかし，一つのグループの点数なので，「どの選択肢を選ぶかを多数決で決める」というルールで採点すると，グループの試験結果は100点になっていることになる。相談して点数を出して決めたわけでもないのに，ただ多数決というルールにするだけで100点になる

のは少し驚きでもある。このように，機械学習の分野においてもアンサンブル学習という手法があるが，多数決で何かを決めるということはある程度有効な意思決定の方法の一つである。一方で，集団の中で特定の人物に判断を委ねることのほうがうまく行くというケースもあるだろう。

「3人よれば文殊の知恵」というように集団で何かを決めることには多様な意見が出るなどのメリットがある一方で，集団で意思決定をするよりも個人で行ったほうが良いと思ったこともあるかも知れない。ここでは，集団での意思決定の難しさについて述べる。そして，集団での意思決定における振り返りやグループ活動において自分がどのように意思決定に参加したかについての振り返りのポイントを述べる。

2. 社会的手抜き

初等中等教育のための新しい学習指導要領では，教師中心の一方向的な詰め込み型の授業ではなく，「主体的・対話的で深い学び」(「アクティブ・ラーニング」)の視点に立って授業を改善していくことの重要性が述べられている。自分で調べたことを子供同士で意見交換し議論する。または教職員や地域の人たちと対話をしながら自分の考えを広げるということが求められているのである。このような考えのもと，現在，学校では様々なグループワークが行われている。しかし，中には，グループ間で意見の衝突からいさかいが起きる，また，意欲の低い人がいるために特定の人物に過度の負担がかかるなどうまくいかないこともある ([1])。

集団で何かを行うという例として，重い荷物を別の場所に移動することを考えてみよう。一人ではとても運べないので複数で協力して運

ぶ。人数が少なければ誰もが力を入れなければならないと思うだろう。しかし，人数が多くなり，自分の力がなくても大丈夫だとなると手を抜く人が出てくる。自分で運びたいと思うものでなく，人から指示されたものであれば余計にそう思うかもしれない。この例からもわかるように，集団の人数が増え自分が何もしなくても結果に影響が出ないと思う場合には，その集団の活動へ貢献しない，タダ乗り（**フリーライド**）する人が出てくる。このように，集団で作業する際に生産性が下がることを**社会的手抜き**という。

　上記の例のように，努力の必要が無いと思う場合や，または，どんなに努力しても評価されない場合には無理に努力しないこともある。釘原は社会的手抜きを防止する方法として以下の4つを挙げている（[2]）。

(1) 個人の貢献がわかるようにする。
(2) 課題に関する自我関与を高める。
(3) 他者における信頼感を持つ。
(4) 自分が努力すると集団全体のパフォーマンスが上がり，または手を抜くと集団全体のパフォーマンスが下がるなど，集団全体のパフォーマンスの変動についての情報が成人個々人に与えられる。

　ひとりひとりが属しているグループに貢献しようとする意識，そして実際に貢献していることが実感できることは集団で何かを行う際に大切だといえる。しかし，集団が結成されたら，すぐにチームとして機能するわけではない。J.R. ギッブは，人との相互作用において，人は次のような4種類の懸念を持つと述べている（[3]）。

(1) 受容懸念：自分が認められ，また他者をメンバーとして認めることができるか。この懸念が解消されると相互信頼が生まれる。
(2) データの流動的表出懸念：「周りのメンバーが何を感じているのか」，「こんなことを言ってもよいのか」といった相手の感情や情報

の不足からくる懸念。これが解消すると適切なデータの収集に基づいて意思決定をするようになる。
(3) 目標形成懸念：個人や集団での動機の違いや目標が理解できていないことに基づく懸念。これが解消されると課題への取り組みが主体的なものになっていく。
(4) 社会的統制懸念：「誰かに頼りたい」「思うとおりにできない」などメンバーの成因が他の人に与える影響に基づく懸念。この懸念が解消すると，お互いが影響を与えながら効果的に働き，役割分担やその変更が容易になるとされる。

ギップはこれらの懸念は(1)から(4)の順に解決されると考えている。また，タックマンは集団がチームへと変化する過程を4段階に分けたモデルで表している（[4]）。
(1) 形成期（forming）：メンバーが決まった段階。メンバーが互いの状況を知らず，共通の目標が定まっていない。
(2) 混乱期（storming）：チームの目標など意見の違いから対立が生まれる状態。
(3) 統一期（norming）：意見の不一致が解決し，メンバーの役割が共有された状態。
(4) 遂行期（performing）：グループの規律やルールが生まれ，結束力が生まれ，相互にサポートされている状態。

集団のメンバーが経験が豊富ですんなりチームとして機能することもあるだろう。集団がチームとして機能するためには，必ず意見の不一致を経験しなければいけないというわけではないが，チームの成長を見る上での一つの見方として知っておいてよいだろう。

3. 集団での意思決定

　前節では社会的手抜きやチームづくりなどの難しさについて見てきた。社会的手抜きもなく，集団がチームとして機能していると思えるような場面であっても，集団の意思決定が誤った方向に流れてしまうということもある。

　集団での意思決定の経験があれば，それを振り返ってみよう。問題解決のプロセスでは，根拠を元に計画や目標を立てて行動をすることが望ましいと述べた。果たしてその行動は計画通りに進んでいただろうか。根拠は正しかっただろうか。

　問題の中には，未来に向けた未知な事柄に向けて行うものもある。とすると，必ずしも十分な根拠が揃わずに判断をしなければいけない場合もあるだろう。人は十分な根拠がない状態で判断をしないといけないという場合には，多くの場合に判断に偏り（**バイアス**）が生じるものである。例えば，過去の成功体験から，類似した行動に対して負担を軽く見積もってしまうことや，自分に都合の良い根拠ばかりを求めてしまうことなどである。

　集団で意思決定をする際に，こうした個人の誤った偏見はどうなるのだろうか。他の人に指摘され訂正されることもあるだろう。しかし，誰かが間違った思い込みをしていたときに，それに賛同する人がいて，結果的に集団によって余計に増長してしまうという場合もあるだろう。

　サンスティーンらは集団が判断を誤る主な理由として

(1) 集団が他のメンバーからのシグナル（情報シグナル）を間違って読み取ること。

(2) 他人から否定されるなどの不利益を受けるのを避けるために発言を避けたり，意見を変えたりすること（評判プレッシャー）。

の 2 点を挙げて，その結果，
(1) 集団によって間違いが増幅される。
(2) 最初の行動や発言に追随することで，小さなことが積み重なり大きな影響を与える（カスケード効果）が生じる
(3) 集団は両極化し，いっそう極端な立場をとるようになる。
(4) みんなが知っていることを重視し，少数が持つ重要な情報が考慮されなくなる。

となる傾向があると述べている（[5]）。例えば，ある人Aが今のままの方向でうまく行きそうだと思い，そう発言する。他の一人BはAの発言について，正しくないと思っている。ただ，それを否定する根拠について記憶があやふやで自信がない。「自信がないけれど調べてみよう」といえば済むことなのだが，調べてみて自分が間違っていたらと思い言わないことにする。そこで，誰かがAに賛同したとすると，何かAの根拠が正しいように思えてきてしまう。また，Aに賛同する人が多いのであれば，余計にAが正しいのだろうと思ってしまう。

これらからもわかるように，集団は果たしてチームとして機能していたのだろうか。また，チームでの意思決定はどのように行われていたのか。個人における問題解決と同様に，行動後に振り返りを行い，集団としての成長を促す努力をしていくことが大切であろう。

4. 集団の中における自己主張

前節では集団での意思決定について見てきた。集団での活動を振り返る場合には，集団の活動において自分の活動がどうだったのかを振り返ってみることも大切である。

集団で行動していると，相手と意見が分かれることもあるだろう。こ

うした意見の衝突や葛藤が生じた場合における対応の仕方として、トーマスとキルマンは図13-1のような、コンフリクト対応における5分類したモデルを示している（[6]）。自分は相手の意見を聞かず、ただ自己主張だけをしてしまうとお互いが競争することになってしまう。また、自分は自己主張をせずに、相手だけが自己主張をするとそれはただ受け入れるだけになってしまう。自分も相手も自己主張も協力もしないという場合には、お互いが対立を避けただけということになってしまう。自分と相手の双方が意見を主張すると同時に相手の意見を受け入れることによって協調して対応することができることになる。

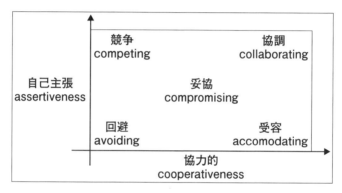

図13-1　コンフリクト対応（[6]を基に作成）

相手を配慮した自発的な行動として、**アサーティブネス**（または**アサーション**）がある。アルベルティらは、[7]において、「アサーティブな自己表現は、率直で、確固として、肯定的な—しかも必要に応じて粘り強い—行動で、人間関係において平等を促す意図を持っています。アサーティブに成ることによって、自らの最善の利益のために行動し、過度の不安を感じずに自分を擁護し、他者の権利を否定することなく自己の権利を行使し、さらに自分の感情（好意、愛情、友情、失望、困惑、怒

り，後悔，悲しみ）を正直に気楽に表現することができるようになります」と定義している。

　アサーティブを日本語に訳すと自己主張的や断定的という意味であるが，そこでの断定というのは，一方的に自分の意見を伝えるということではなく，自己を前向きに肯定するとともに，人を尊重することである。平木は，アサーションのことを「自分も相手（他者）も大切にする自己表現」と定義している。その意味で，ここでは図13-1における自己主張（assertiveness）とは区別して考えることにする。

　このように，アサーティブな行動は受身的（非主張的）な行動でもなければ，攻撃的な行動でもない。「自分が言っても仕方がない」と思い，思っていることを抑圧したり，受け入れたりしていないだろうか。としたらそれは受身的な行動である。また，自分の意見を伝えたいあまりに相手の意見に耳を傾けないようにしたり，黙らせようとしたりしていなかっただろうか。としたらそれは攻撃的な行動ということになる。平木はこうした受身的な自己表現と攻撃的な行動を取ってしまう裏には，次のような2つの心理があると述べている（[8][9]）。一つは，例えば，「相手から嫌われないように言わないようにしよう」という遠慮の気持ちや「自分の方が優れているから意見が正しいはずだ」という思い込みのようにその人自身の心理である。また，もう一つは，「相手は上司だから反対してはいけない」や「自分の方が年長だから自分の意見が通る」といった社会的・文化的背景による心理である。そして，こうした心理の中には普段自分が意識することなく前提にしてしまっていることもあるかもしれない。その結果，グループワークで無意識に攻撃的な，または，受身な行動をとっていたかもしれない。もし，自分の行動を振り返ってみて，攻撃的な行動や受身的な行動を取っていたとしていたら，その時の気持ちがどうだったのかについても考えてみよう。相手に

対する甘えの気持ちがあったかもしれない。また，自分が意思決定をしている集団には，性別や年齢などによって人を判断するような前提があったかもしれない。もしかしたら，本当はそうではないのに，自分だけがそう判断してしまっていたのかもしれない。

5. まとめ

　集団とは多様な人の集まりによってできている。多様な人間の持つ多様な意見を尊重して意思決定を図ることは，個人での意思決定に比べて当然難しい。この章では集団での意思決定の難しさの一部について触れた。そして，集団の中で自分の意見をきちんと伝え，相手を理解するということからアサーションについて触れた。どの場面でも，こうすれば集団の意思決定がうまくいくというような魔法の方法はない。難しさを理解した上で相手を尊重しながら普段に努力していくことが大切であろう。

参考文献

[1]『失敗事例から学ぶ大学でのアクティブラーニング』溝上慎一監　亀倉正彦著（東信堂）2016年
[2]『グループ・ダイナミクス―集団と群衆の心理学』釘原直樹著（有斐閣）2011年
[3]『感受性訓練―Tグループの理論と方法』L.P. ブラッドフォード，J.R. ギップ，K.D. ベネ編，三隅二不二訳（日本生産性本部）1971年
[4]『Developmental Sequence in Small Groups』Bruce. E. Tuckman 著（Psychological Bulletin, Vol. 63, No.6, p384-399) 1965年
[5]『いま明かされる集団思考のメカニズム』キャス・サンスティーン，リード・ヘイスティ著 DIAMOND ハーバード・ビジネス・レビュー編集（ダイヤモンド社）2016年
[6]『Conflict and Conflict Management』Kenneth W. Thomas 著（『The Handbook of Industrial and Organizational Psychology』Marvin D. Dunnette 編（Rand McNally & Co, U.S.) 1976年）
[7]『自己主張トレーニング』ロバート E. アルベルティ，マイケル L. エモンズ著，菅沼憲治，ジェレット純子訳（東京図書）2009年
[8]『アサーション入門―自分も相手も大切にする自己表現法』平木典子著（講談社現代新書）2012年
[9]『インターパーソナルコミュニケーション―対人コミュニケーションの心理学』深田博己著（北大路書房）1988年
[10]『グループ学習入門―学びあう場づくりの技法』新井和広，坂倉杏介著（慶応義塾大学出版会）2013年
[11]『問題解決の心理学―人間の時代の発見』安西祐一郎著（中央公論社）1985年

演習問題 13

1. 今までの自分が参加した集団での意思決定について振り返ってみよう。どのような特徴があっただろうか。
2. 人とのコミュニケーションにおける自分の自己主張について考えてみよう。相手に対する配慮はあっただろうか。また，自分の意見は正しく伝えられていただろうか。

解答

1. （省略）
2. （省略）

14 | 解決策を実行する

柴山　盛生

《目標＆ポイント》　問題解決に向けて，解決策を実行する。開始にあたって，役割分担，スケジュールの策定など実施計画を検討する。また，実行している途中での計画の進捗状況を把握する方法や，途中での評価，新たに生じた問題への対処などについて考える。ここでは，効果的な問題解決策の進め方を学ぶ。
《キーワード》　作業分担，実行策の管理，会議の技法

1. はじめに

　問題解決では，目標を設定して，その目標をどのように実現していくかを考えることから実際の作業が始まる。
　解決策を実行する際に重要なものとして，解決するまでの時間，解決に費やす人員・経費などの資源があるが，それらは得られる結果の水準や品質に深く関わっているため，前もってその優先度や許容範囲を明確にしておく必要がある。
　最終目標を決めても，解決策を実行している間は，様々な要因によりその変更や手順の修正を余儀なくされる。そのため，変更に関する権限や手続きを決めておく必要がある。次に，解決策の実行に参加するメンバーをどのように編成するかが重要となる。責任者はだれか，それぞれのメンバーの役割，責任，権限はどうするのか，メンバー間の調整，外部の関係者への報告はどうするのか，などを決定する必要がある。

2. 作業分担

2-1 作業の分割

　作業量を見積もるため，解決策を完了するために必要な作業をすべて書き出して，それを系統図で表す。まず解決策全体を一つのプロジェクトと考えこれを大きな単位でいくつかの作業群に分割する。分割の仕方には様々なものが考えられるが，例えば，一連の工程を続ける作業では，準備作業，本処理，後処理のように，手順の流れに沿って分けることが妥当と考えられる。その他に地域的な問題ではA地区，B地区のように地区単位に，あるいは成果物，経費項目，組織単位など作業の特徴に応じて適切な分類を選択する。次に分割した作業をさらに分割して次の下位レベルの作業群に展開する。

　こうしてさらに細分化を続けて，一つひとつが十分小さい単位になるまで続ける。これはその内容がよくわかり，所要時間を見積もることができ，実行可能な大きさになるまで行うことが必要である。

2-2 役割分担

　作業分割が終わったら，それを表にまとめそれぞれに番号を付け，作業内容を示す表題，責任者，成果物などを書き込む。

　それぞれの作業についてどのような知識，技能が必要か検討し，それらに適した参加メンバーを選ぶ。そして，選んだメンバーと相談して，引き受ける作業内容や責任分担の程度を決める。

2-3 作業表の作成

　個々の作業の役割を分担したら，それぞれの作業を完成させるのに必要な時間を見積もる。それまでの類似の作業の所要時間を基にして今回の作業の質や量，参加メンバーの能力などを付加して検討する。また，作業の一部を機械化したり，他に委託したりする場合など必ずしも参考

とした作業と同じ条件にならないことを考慮する。

このようにして作業の割り振りをまとめた例が次の図である。

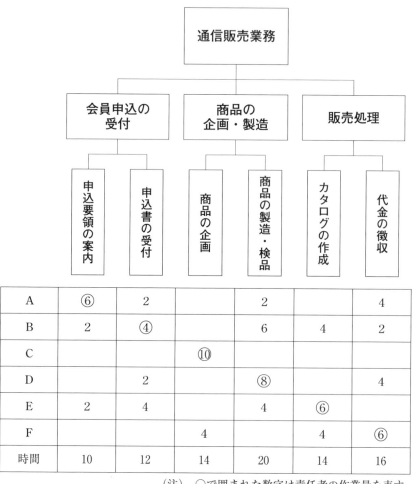

(注) ○で囲まれた数字は責任者の作業量を表す

図14-1 通信販売業務の作業分担表

3. 実行策の管理

3-1　時間管理

(1) ガントチャート

　日程を管理するためには，**図14-2**のような作業の時間管理表であるガントチャート（Gantt Chart）を作成すると便利である。

　ガントチャートは横軸に時間，縦軸に作業を並べたもので，作業への着手から完成までの所要時間を横棒で示したものである。この例では，機械を生産するための流れにおいて，計画，見積，発注から調整，試作までの様々な作業に分かれている。そして，それらの作業の順序や開始時期や終了時期が示されている。

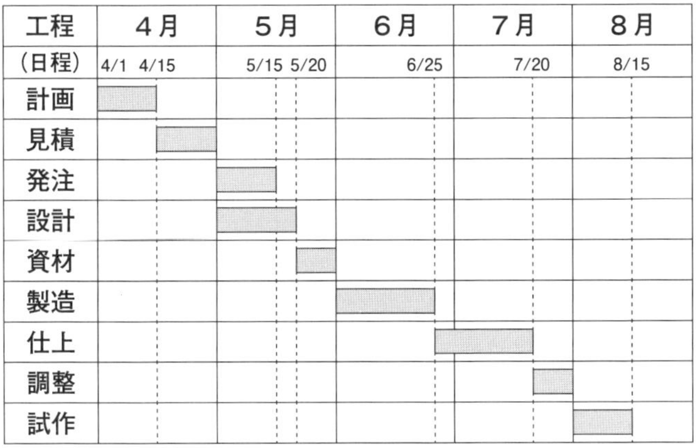

工程	4月	5月	6月	7月	8月
（日程）	4/1　4/15	5/15　5/20	6/25	7/20	8/15
計画	▨				
見積	▨				
発注		▨			
設計		▨			
資材		▨			
製造			▨		
仕上				▨	
調整				▨	
試作					▨

図14-2　ガントチャート

　ここで，クリティカル・パスとは，一連の作業全体開始から終了までに最も長い時間を要する経路，または合計所要時間のことを言う。

(2) ガントチャートの書き方

ガントチャートはまず一連の作業群を作業する順にチャート左の欄に書き込んでいく。次にそれぞれの作業の最早着手を△，最早完了を▽を記入しその間を線で結ぶ（△―――▽）。そして，△と▽とを所要時間を示す横棒でつなぐ。そしてクリティカル・パス上にない作業は，余裕時間〰〰〰と最遅完了▽を記入する（△―――▽〰〰〰▽）。先行作業の最遅完了と後続作業の最早着手を縦線で結び前後関係を示す。最後にクリティカル・パスを太い線―――で表示する。

このようにすれば，下の図のようなガントチャートとなる。

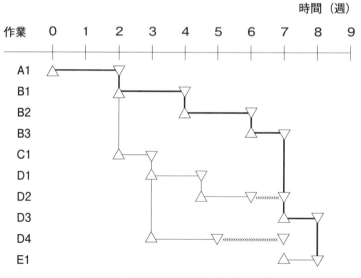

図14-3　ある作業のガントチャート

このチャートを参考にして，的確にそれぞれの工程を管理して進める必要がある。もし何かの作業が遅れる場合は速やかに工程を後続する業

者に連絡を取らなければならない。

　計画と実際に遂行した作業を比較しながら，資源を再配分して日程を調整する。

　全プロジェクトの期間を早める場合，クリティカル・パス上の作業に注目することが重要である。ここに人員や予算を重点的に集中させ作業を短縮する。なお，日数を短縮することで今まで最長の作業工程が別の経路に移行することがあるので注意する。

3-2　予算管理

　プロジェクトの実行に当たっては，確実な予算を立て，全期間にわたってその推移をみて管理する。終了時に実際にかかった経費が当初予算に収まるようにする。

　プロジェクトの経費の見積もりについては，企業における経費の分類がよく使われているが，個人においては家計などの支出費目などを参考として検討する。

　おもな経費としては，人件費，設備費，材料費，管理費，外注費などがある。例えば，人件費は人数×単価の累積，設備費は新たに購入する設備の見積書などを参考とする。それまでの類似の作業の所要時間を基にして今回の作業の特徴を加味して見積もる。

3-3　リスク管理

　プロジェクトに阻害要因が発生した場合に，リスク管理を行う。どのようなリスクが発生するのか，参加メンバーと検討して対処する。

　時間に関するものとして，クリティカル・パス上の作業，複数作業の同時進行，見積もりの甘さ，委託作業などが考えられる。

　人に関するものとして，一人の作業，大人数の作業，スキルの問題，欠勤などがある。設備については，装置の性能，装置の稼働率，材料の品質など，経費については，予算の不確定，優先順位の変更など，成果

物の品質については，目標の変更，スケジュールの遅れなどがある。

　リスクの発生の確率，プロジェクトに与える影響を考えて。対応策を検討する。影響が大きく，発生の確率が高いものは，予防策および発生時の対策を作成する。影響が小さく・発生の確率が高いものは，発生時の対策を作成する。影響が大きく・発生の確率が低いものは適宜判断してどのような対策を行うかを決める。影響が小さく・発生の確率が低いものは通常の処理範囲内として扱う。

3-4　計画の修正

　プロジェクトが実行されると責任者は原則として計画通りに進めることとなるが，場合によって計画の変更を行うことがある。

(1)　計画通りの場合

　管理する項目を選択してその実績データを集める。実績データと計画を比較して差異があるかどうかを検討する。差異の大きさが許容範囲を超えた時，プロジェクトに与える影響を分析する。真の原因を是正する対策を実施する。

(2)　計画を修正する場合

　プロジェクトの成果に影響が及ぶ場合，是正対策を実施する。是正計画は，本来の計画に，時間，人員，経費など様々な変更が生じるので，許容範囲に収まるかどうかが重要となる。そのため，現状や修正点を報告する。重要度によって，外部関係者に報告する。

4．会議の技法

(1)　会議の準備と臨む態度

　会議に臨むための事前準備として，問題の内容についてよく理解し，そのことに関する自分の経験や知識を振り返りまとめる。さらに，問題

点は何かを検討し解決策の方向を考え，準備できる資料を用意しておくことが重要である。

会議に出席する場合，遅刻をしない，席をはずさない，私語をしないなど基本的なマナーを守るとともに，発言を独り占めにしない，断定的・高圧的な発言をしない，他の人の発言をさえぎったりしない，感情的にならない，人の発言を良く聞くなどの態度にも留意する。

そして，会議の目的達成に努力する，積極的に参加する，相手がよく理解できるような説明をすることも必要である。

(2) 会議のリーダーの役割

会議の始まりに，メンバーをリラックスさせるよう緊張をなくす挨拶をする，メンバーの紹介（自己紹介で可）を行う，会議の目的や時間配分を示す，会議の進め方を話すなどの事前説明をする。

リーダーの役割として会議を指導・運営するという立場に加え，「ファシリテーター」としての役割をもつ。それは，会議の進行役という立場で内容にはあまり深入りしない，自分からあまりアイディアを出さない，全員参画をめざして多数に発言させる，特定の人の発言が非難されることがないようにする，完全に中立的な立場をとるというものである。

(3) 発言の要領

会議のリーダーが全員に質問する場合に反応が無いときは，質問内容をより詳細にまたはより具体的にする，あるいは指名質問，リレー質問などを行うなどの方法がある。しかし，質問のタイミングを考える，質問内容は一つ，あまり難しい質問はしない，同じ質問は繰り返さない，回答には礼をいうなどの配慮が必要である。

メンバーからリーダーや他の参加者への質問の主旨は，発言内容を確認・明確化する，より多くの情報を引き出すなどであり，会議を逸脱し

ないような内容にすることが必要である。しかし，あまり発言が多いと進行に支障がでることもあり，会議のリーダーの了解をとって行う。

　参加者の意見を集約する場合は，意見の対立があった場合，中立派の意見を参考にする，発言内容が破壊的なものか建設的なものかを判断する，建設的反論には耳を傾け調整や交渉ができるポイントを探るなどの努力が必要である。

(4)　パブリックスピーキング

　公的な場での口頭発表，これは時々耳にするパブリックスピーキングといわれるものであるが，話し手が比較的多数の聴衆に対して，やや改まった場で，一定の時間内に一定の内容を筋道立てて話すことになる。一般に報告，説明，スピーチなどがこれになる。

　この場合にはまず，相手によく理解させることが最も重要なことである。そのためには考え方を明確に示し話の構成を整理し，なるべく具体的に筋道を立てて自分の考えを展開させていくことが重要である。そのためにはしっかりした発想が大切である。さらには，これに併せて発声，口調，話す態度など話す技術も重要なポイントとなる。

　注意する主な点として，

- 特定の人だけを対象とせず，多くの人にもわかるような表現を使う（一般性）
- 自分の主張したいことを明確に，かつ的確に話す（独自性）
- 独りよがりな解釈や主張，先入観にとらわれない（客観性）
- 自信のない考えや他人の受け売りは避け，話す内容には責任を持つ（責任）

などが挙げられる。

　ここで，自分自身の考えを的確に表現することが大切である。そのためには，例えば考えをカードを用いて簡潔な表現で要領よく整理してみ

る，あるいはレポート形式にまとめてみるなどの試みも有効な方法である．

会場などで，大きなスクリーンに資料を表示する，あるいは印刷した配布資料を用意するなどの準備はよく行われるものである．

(5) 発表の内容

新聞報道などに見られるような一般的な出来事などの発表で必要な事柄では5W1Hに注意する．科学と実験に関する発表では必要な事柄・課題に関する目的，方法，結果，考察，結論までの筋道のたった全体のストーリーを考える．

また，発表する事柄・情報が他の人々に役立つように提供されなければ価値はなく，口頭による発表の場合，聞き手が誰であるかによって発表の仕方にふさわしい戦略がある．

(6) 聞き手への配慮

なぜ発表するのか，聞き手が何を望んでいるかを考えると，発表内容のポイントが明らかになる．発表をどう進めるか，序論，本論，結論の順で説明するか，あるいは，序論，結論，本論とするかも判断できる．

また，印象のよい発表ではいつのまにか話が終わるということはなく，必ず要点をまとめた締めくくりの部分がある．聞き手によい印象を与える事は発表に成功するポイントである．

5. 事例

＜町内会における問題解決の進め方＞

高齢社会を迎えて町内会の運営も変化している．地域によってその活動内容も多様であるが，従来からの活動に加え新しい試みを行っている町内会活動を紹介する．ここでは，40年以上続いている伝統的な行事で

ある夏祭りの開催と新たに始めたコミュニティカフェの開店などを紹介する。

　限られた，会費と人員の中で，いかに自分たちで工夫してそれらを開催・運営していくかを観察する。町内会で，意思決定をしながら，企画運営などどのように展開しているかについて紹介するとともに，そのときの考え方，手順，そして課題などについて考える。

（協力　三島市藤代町　元町内会長　吉岡勝氏）

参考文献

[1]『問題解決プロフェッショナル（思考と技術）』齋藤嘉則（ダイヤモンド社）1997年
[2]『PMプロジェクトマネジメント』中島秀隆（日本能率協会マネジメントセンター）2009年
[3]『コンセプトメイクの技術―成熟時代の企画を成功に導くノウハウ』平林千春（実務教育出版）1999年
[4]『自分の考えをまとめる技術』奥村隆一（中経出版）2006年

演習問題 14

あるプロジェクトがある時点まで進行した。次のその時点でのガントチャートを見て，その概要と問題点について指摘し，その対応について簡単にまとめなさい。

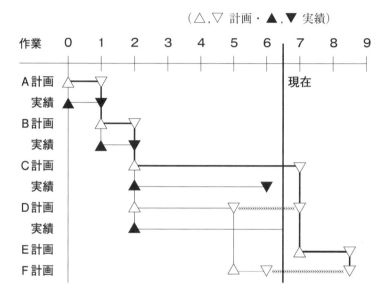

解答

クリティカル・パス上にあった作業Cが計画より早く完了し，作業Eへの着手を予定より早めることも可能となっている。一方作業Dの遅れが，もろに作業Eへの着手の遅れとなり新たなクリティカル・パスとなっている。対応として作業Eを担当するメンバーの技能が合う場合，作業Dか作業Fに振り向けることを検討する。

15 | 評価する

柴山　盛生

《目標&ポイント》 問題は解決できたのか，また，どの程度目標が達成したのかを判断するための評価方法を学習する。ここでは，評価の対象や種類およびいくつかの数量的でない評価方法や数量的な評価方法などの理論と手順について説明するとともに，それらに対応した例を考える。最後にこの科目のまとめを行う。
≪キーワード≫ 評価，評価の体系

1. はじめに

　問題解決では，はじめに目標を設定してそれに向けて解決策を展開していくので，事前にある程度の評価の視点は決まっている。問題が解決したかどうかは，その視点に基づいて判断することとなるので，具体的な評価項目を決める場合はその視点との関連を十分検討する。

　ここで，評価項目が一つの単純で明快なものであれば，解決策が難しくとも問題解決としては問題の設定が簡単になる。しかし，実際の場面では，評価項目が決まっても，相反する考え方が混在したり客観的なデータが得られないこともあり，評価することが難しい場合もある。

　問題解決に当たって，重点の置き方によって評価の視点に違いが生じるので，まず，その特徴や問題点について理解する。

(1) 動機を重視する考え方

　問題解決に当たっては，その動機を中心として解決策を考えることが多い。何かしなければならないという自己の規範的な考えによる目標の

設定で，直接的な解決策の選択やそれに向けた労力や経費の集中的な配分などの傾向がある。その選択が適切でない場合に課題が生じる。
(2) 過程を重視する考え方
　解決策が決まると，それを計画どおりに進めたいという意識が働く。途中での変更をなくし，円滑な作業のために時間や経費を予定限度内に収めたいという気持ちから，手段を重視するあまり本来の目的が軽視されるという事態が生じることが懸念される。
(3) 結果を重視する考え方
　動機や解決に至る方法はあまり考慮しなくてもよく，ともかく目標が達成されればという考え方である。組織などで「売り上げの増加」のような暗黙の目標がある場合，結果だけを求める傾向があるが，本当に評価は貨幣価値だけに帰着できるのかという疑問が生じることがある。

2．評価の分類

　評価の方法や項目などについて次のようなものがある。
2-1　評価方法
(1) 評価時期
　評価する時期としては，問題解決の事前，中間，事後の3つがあり，事前評価はアセスメント，事後評価はレビューともいう。評価する期間は様々であるが，例えば，10年程度かかる事業では短期評価は1年間，中期評価は3年間から5年間，長期評価は10年間行うのが目安である。
(2) 評価者
　問題解決の評価を行うのは，問題を部外者が適切に判断できない場合は，関係者内部のみで，客観的あるいは厳格に行う場合は部外者のみで行うが，通常は部内者と部外者の共同で行うことが多い。

(3) 評価の表現

表現方法には，①文章，図解化，評価表など定性評価に向けたものや，②指標化，点数式，序列化などの定量評価に向けたものがある。

2-2　評価項目

(1) 目的達成

目標を達成したかどうかが明確に判断できる場合である。例えば，テニス大会優勝や数学の問題の証明などがこれに該当する。判定としては，達成かまたは否達成の二分法となる。

(2) 前後比較

前項の程の明確な判定基準はないが，問題解決の行動の前後でどのような進展がみられたかを判定する場合である。評価に当たりいくつかの項目をとって，それらの事前事後の比較判定を行う。

(3) 得失算定

ある方策をとった場合の利得と損失を書き出し，それらの得失の兼ね合いによって結果を判定する方法である。

(4) 数値目標

前もって，成果を図るための指標を作成し，明確な数値目標を設定して達成度をモニターする評価方法である。

(5) 満足度

判定のために客観的な基準がない場合，利用者，顧客などの判定者の満足度によって評価するものである。

評価の尺度として使われるのは，①目標が達成されたかどうかの成果，②投入した時間，労力，経費などの資源の量，あるいはそれらの③経費当，時間当，一人当などの効率，さらに，④副次効果，波及効果などの関連効果，そして⑤主観を数値化した満足感などである。

3. 評価の体系

個人，社会などの階層による評価の違いを説明する。

(1) 個人的問題の評価

個人の問題では，自分のもつ規範や価値観に基づいた主観的な判断が行われることが多い。例えば，思いついた目標が達成できたかどうか，達成した満足感，解決までの時間・労力の状況などがある。

(2) グループ問題の評価

グループ問題では共通目標が達成できたかどうかが重要と考えることが多い。また，全員一致の意思決定があったかどうか，団体としてまとまった行動できたかどうか，などのような項目が重視される。

(3) 企業・組織における評価

企業では，設立の理念，組織の維持・発展に資することが重要で，事業展開する場合の意思決定やその成果に関する評価が行われている。

① 経営評価　新製品の開発，販売政策，海外展開など，方針決定を問題とするものである。選択の自由度が大きく何度も行うことが少ないので，特に決められた評価方法があるのではない。初めて遭遇する状況に対処するため，総合的な判断や，創造的な視点によることが多くなる。

② 管理評価　計画を立てた後の日程計画，配分計画のようなものをさす。問題や解の方針が与えられた下での最適の方策を考える場合である。計画選択の自由度は少なくなる。そのための評価として OR などの手法が有効である。

③ 業務評価　与えられた課題に対して投入された資源をどう分配するかの問題である。多くの場合は基準や規則が予め決められていて自由裁量の余地の少ない問題である。日常性が強いため，評価のための標

準化された手法が適用できる。

(4) 行政における評価

社会においては，国民性や時代性が評価の背景にある。行政では，法的な根拠を基にし，さらに社会的評価が加わる。

① 政策評価　政策とは，行政の大局的な目的や方向性を示す。例えば「自然エネルギー開発・利用拡大戦略」などのような大きな取り組みを指す。

② 施策評価　施策とは，政策を実現させるための具体的な手段を示し，例えば，太陽光発電装置の開発・普及計画などがこれに当たる。

③ 事業評価　さらに施策は具体的な手段である事業から成り立っている。例えば，市町村などによる家庭での太陽光パネル設置のための経費の補助事業などがこれに当たる。

問題解決では，様々な段階で評価は異なるが，基本となるのは当事者の問題意識・認識によるところが大きい。

意思決定のための評価の方法は，確実に情報が得られる状況のもとでは，数値的な方法が使われるが，数量化が難しい場合では，文字情報を集めて整理する方法や各種の発見的方法が用いられている。

4. 評価表による表現

(1) 功罪表

一つの方策を実施するにあたり，利点と欠点とを対照させた表の形式にまとめて比較することが簡単である。

次の例は，ある都市で行われる公共の地下鉄路線の整備計画の是非について意見の状況を表にまとめた功罪表である。

表15-1　功罪表　—公共の地下鉄路線の整備計画への意見—

利　　点	欠　　点
○市民の交通手段が便利になり混雑が解消される	×市民の通勤通学者や県外からの旅行者の利用があまり見込まれない
○バスに比べ，排気ガスの削減など環境問題に配慮できる	×交通人員のコスト削減効果が薄く多大な予算を投入する必要がある
○路線地域の活性化，商業施設の整備など地域振興につながる	×特定の地域だけに利益が見込まれ他の地域とのバランスがとれない
○当市の交通対策に取り組む姿勢を示し，対外的な評価が高まる	×厳しい財政状況で他の施策に優先させて支出するのは疑問である

(2) 評価表

いくつかの評価項目について文章や良否の程度を示した表形式でまとめるものである。表15-2はある企画会議のAからDまでの4つの提案を評価した例である。

表15-2　評価表　—ある企画案の評価—

方策	目的	経費	効果	実現性	発展性	総合
A案	−	△	△	△	○	△
B案	△	△	−	△	△	△
C案	○	○	◎	−	−	○
D案	◎	○	○	−	−	△

（注）◎かなり良い，○やや良い，△普通，−やや悪い

(3) 利得表

この評価表の評価項目が数値化できる場合，それを表形式にしたものである。表15-3は様々な状況（$E_1 \sim E_5$）の場合に対応したときのA案か

らD案までの利得（得られる利益）を示している。

表15-3 利得表

方策	E_1	E_2	E_3	E_4	E_5	最大	最小	平均
A案	20	25	30	35	40	40	20	30
B案	40	50	10	20	30	50	10	30
C案	60	65	70	10	0	70	0	41
D案	80	50	40	0	5	80	0	35

例えば，この表に基づいて意思決定をする場合，様々な考え方ができる。

① 各項の最大原理　各状況の中で最大の利得を選ぶ考え方
　　E_1ではD案，E_2ではC案，E_3ではC案，E_4ではA案，E_5ではA案を取る。
② 最大・最小原理　各案の最小の利得が最大のものを選ぶ考え方
　　A案の最小値20が最も大きいのでA案を取る。
③ 最大・最大原理　各案の最大の利得が最大のものを選ぶ考え方
　　D案の最大値80が最も大きいのでD案を取る。
④ 最大・平均原理　各案の平均の利得が最大のものを選ぶ考え方
　　C案の平均値41が最も大きいのでC案を取る。

どれを取るかが意思決定である。どれが良いというのは，判断基準がどうであるかということになる。

5. 数量的な分析

5-1 費用分析

問題解決が終了した時点で，それまで投資した何らかの費用や効果を算出することが可能である。この場合その評価を行うことは可能である。しかし，事前に解決策を考える場合費用を推計する必要がある。

評価では，得られる効果とかかる費用の関係を明らかにすることが重要である。効果が貨幣価値に換算できる場合，その価値は現在の評価額かあるいは将来の評価額かという違いがある。一般に経済計算ではある時点の価値 A について割引率 a と時間 r を入れて $A(1+a)^r$ の項で計算するのでどの時点での効果や費用かが重要である。

一般に，目標となる最低限の効果を得るためにかける費用が少ない方がよい。しかし，効果が大きければ大きいほどよい場合，ある効果を投資した費用で割ったときに，効率性の点からその数値が大きい方が効果が大きいと考える場合（コストパフォーマンス）もある。

5-2 主観的効果の分析

次に効果が貨幣価値で示すことができない，工業での生産数，医療での生存率などの場合，それらとかかる費用との関係を検討する。

さらに，客観的な評価項目がない場合，影響を受ける対象者にアンケートを行って貨幣尺度によって答えさせる方法がある。この方法では，ある状態が変化するために支払ってもよいと考える支払い意思額と，この変化をあきらめなければならないとした時の受け入れ保障額がある。これらの額は，前節で述べた費用の計算と同じ処理ができるので，効果の価値，どの時点での貨幣価値という換算ができる。

6. ORによる評価

6-1 ORとは

様々な数値情報を分析して，問題解決に向けた判断の根拠に役立てている。特に経営の分野では，数量的な手法によって，評価を行うORと呼ばれる手法が使われている。これはオペレーションズ・リサーチといい，作業，業務，活動，軍事行動，作戦などの研究という意味をもつ。

例えば，予測に関するものとして回帰分析や確率論，意思決定としてゲーム理論，日程管理としてガントチャートやPERT，最適化として線形計画法，費用などに関する様々な経済計算などがある。

6-2 線形計画法

組織の活動では，一定の制約のもとでいかに資源を有効に活用するのかが重要である。その限られた資源をいかに最適に組み合わせていくかがポイントとなる。その手法の一つが線形計画法（LP：Linear Programming）である。一定の条件の下で最適な組み合わせを求めて様々な意思決定に活用する。

（例題）ここでは，ある工場で製品Aと製品Bを生産している。この工場で最大の利益を生むためには生産量をどのように設定したらよいか。

作業工程は，製品Aは組立1時間，設定2時間で，製品Bは組立3時間，設定1時間である。また，この工場の生産能力は，組立2,400時間で，設定は2,000時間である。1台当たり製品Aは2万円，製品Bは3万円の利益が見込まれる。

（解答）まず，製品AをX台，製品BをY台として定式化する。

組立時間と組立能力の関係から　　　$1X + 3Y \leq 2400$　①
設定時間と設定能力の関係から　　　$2X + 1Y \leq 2000$　②

①式より　$3Y = -X + 2400$

②式より　$Y = -2X + 2000$

解は原点（0, 0），①式とY軸の交点（0, 800），①式と②式の交点（720, 560），②式のX軸の交点（1000, 0）に囲まれた領域内にある。

利益を最大化する目的関数をVで示すと　　$V = 2X + 3Y$

その式でVが最大となるのは①式と②式の交点である。

したがって製品Aは720台，製品Bは560台，利益は3,120万円となる。

なお，目的関数によっては最大となるのは必ずしも①と②の交点ではなく別の点や，交点が整数でない場合はその近くの整数の点になることがあるので注意が必要である。

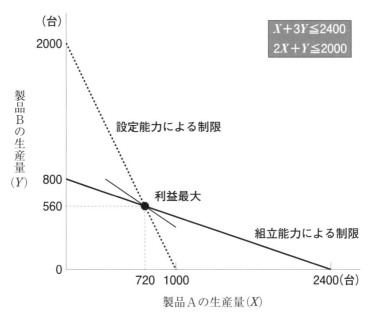

図15-1　線形計画法（[6]を基に作成）

7. おわりに

　この授業の各章の説明や事例のように，課題の設定の仕方や問題解決の進め方については個人的な問題から社会的な問題までかなり異なり，多様な考え方が交じり合っている。これを整理して，問題解決とは社会的階層によってどのように変化していくかについて考察する。

(1) 社会的階層による問題解決の違い

　表15-4は，横に問題解決の項目として目標，過程及び推進力をとり，縦に社会的な階層として社会，地域，組織，グループ及び個人に分けている。それぞれの要素が個別の内容や課題を示している。

表15-4　社会的階層による問題解決の違い

階層	目標	問題解決の過程	主な推進力
社会	社会の存続	歴史	創造的な文化・技術
地域	住民の共存	地域活動	地域愛
組織	組織の発展	イノベーション	組織力
グループ	複合的問題の解決	チーム展開	コミュニケーション力　リーダーシップ
個人	主観的問題の解決	創造活動	能力，知識，関心

(2) 問題解決の目標

　社会レベルの問題解決の最終的な目標は社会の存続に寄与することであり，問題解決の成否として，その社会の規範や価値観が求める基準に適合することが必要となる。地域や組織レベルでの目標は地域や組織の発展であり，様々な活動によってそれが維持される。グループレベルの問題解決の目標は複合的なもので，個人では対応できないことをチーム

編成にして応えるようにするものである。個人における問題解決では当初は主観的なものとして始まるが，社会に受け入れられることにより次第に客観的なものに推移していく。

(3) 問題解決の過程

社会や地域レベルの問題解決の過程とは，新たな危機が発生した時にそれを除くための流れであり，その過程は歴史や地域活動として記録されていく。組織では，実行，調査，計画，生産などのさまざまな活動によって運営されているが，それらが相互に作用し合えばイノベーションが生まれて問題解決が促進される。グループの活動過程においては，問題解決を効果的に実施するためのチーム展開が，個人において問題解決とは意志と創造力が発揮される知的活動であり，それを高めるための個人的な努力が重視される。

(4) 問題解決の推進力

社会においては，問題解決は，思想，文化，科学技術，経済などを背景として進められる。地域であればどの程度の結束力を持つかが重要で地域愛などがその力の源泉である。組織の推進力については，秩序が厳しい「官僚的組織」，責任が分担されて運営される「有機的組織」，個人が自由裁量をもつ「自律的組織」などが考えられる。前者ほど個々に課せられた規則によって組織付けられているが，後者ほど自らの意欲によって組織をなしていく傾向がある。問題解決においては，どのような形態が最も効果的であるかが課題となる。グループは個々の複雑な問題を解決するために作られることが多く，グループを先導するリーダーシップや各人の間のコミュニケーションが重要である。個人においては，創造的な能力や知識，性格，問題への関心が重要であると考えられる。

このように問題解決では，それぞれの社会的な階層構造に対応して，その要素に特徴があると考えられる。

参考文献

[1]『QC手法Ⅰ—実力診断とやさしい解説』角田克彦，広瀬淳，市川享司（日科技連出版社）1991年
[2]『ORの基礎—AHPから最適化まで』加藤豊，小沢正典（実教出版）1998年
[3]『行政評価—スマート・ロジカル・ガバメント』島田晴雄，三菱総合研究所政策研究部（東洋経済新報社）1999年
[4]『新版MBAマネジメント・ブック』グロービス・マネジメント・インスティテュート（ダイヤモンド社）2002年
[5]『政策評価—費用便益分析から包絡分析法まで』中井達（ミネルヴァ書房）2005年
[6]『問題解決の進め方』柴山盛生，遠山紘司（放送大学教育振興会）2012年

演習問題 15

1. 利得表（**表15-3**）において，B案において評価項目 E_3 の利得を10から70に変えると，B案はどの原理に基づけば最も高い評価を得られるか。
2. 利得表（**表15-3**）に新たにE案が加わった。その評価項目（E_1〜E_5）はそれぞれ50，60，50，10，30であった。様々な原理で考えると，E案はどの原理の考え方で最も評価を受けるか。

解答

1. B案が最も高い評価となるのは，各項の最大原理の評価項目 E_3（C案と同点）で，最大・最小原理（A案と同点），最大・平均原理である。
2. E案はどの原理でも最も高い評価を受けない。

索引

●配列は五十音順，＊は人名を示す。

●あ 行

アイスブレイク　135
アイディアの採用　141
アイディアの収束　140
アセスメント　183
アナロジー　115
アブダクション　90
アルシュラー＊　103
アンケート　47
アンラーニング　107
一次情報　44
イノベーション　193
意味記憶　111
因果関係　91
インタビュー　47
ウェインシュタイン＊　103
裏　89
エピソード記憶　111
演繹的推論　89
円グラフ　61
大沢縁側カフェ　156
オペレーションズ・リサーチ　190
オンライン検索　51

●か 行

カードブレーンストーミング　137
科学実験　46
拡散型　101
学士力　13
確率判断　92
囲み図形　77
箇条書き　75
カスケード効果　164
仮説的推論　90

課題　16
間隔尺度　59
関係者　124
観測度数　60
ガントチャート　173
管理評価　185
キーワード　50, 75
技術的実現性　152
帰納的推論　90
逆　89
共感　151, 152
業務評価　185
具体的な経験　100
グラハム・ギブス＊　101
クリティカル・パス　173
グループワーク　123, 125
クロス集計表　59
クロス表　59
経営評価　185
系統図法　119
元　87
研修　125
功罪表　186
コストパフォーマンス　189
コミュニケーション　193

●さ 行

雑誌　48
サポート　125
参加者　125, 127
事業評価　186
事後確率　92
施策評価　186
システム　149

システム思考　148, 149
事前確率　92
シソーラス　51
実現可能性　152
実験群　46
実践的試み　100
実地調査　46
質的データ　58
失敗コスト　154
シネクドキ　115
事務局　125
社会実験　46
社会人基礎力　12
集合　87
収束型　101
周辺度数　60
自由面接調査　47
主催者　125
順序尺度　58
省察　99
省察的観察　100
上司　125
情報シグナル　163
ジョン・デューイ*　100
進行役　125, 126
新聞　48
親和図法　117
数値目標　184
図解化　74
スキル　128
政策評価　186
制約条件　38
セル　60
ゼロベース　95
線　79
線形計画法　190

宣言的記憶　111
前後比較　184
前後論法　91
前提条件　39
ソーシャル・ネットワーキング・サービス　52

● た　行
対偶　89
短期記憶　110
地域活動　193
チームビルディング　127, 134
抽象的概念化　100
長期記憶　110
調査票調査　47
ツイッター　52
定言的三段論法　89
提言判断　88
定性評価　184
定量評価　184
データ　57
データベース　51
デービッド・コルブ*　100
適応型　101
デザイナー　147, 151
デザイン思考　148, 151
テスト　154
手続き記憶　111
電子会議　52
電子出版物　51
電子メール　52
点数付け　141
同化型　101
統制群　46
得失算定　184
図書　48

図書検索　50
図書分類　50
度数　60, 63
度数分布表　63

●な・は行
二次情報　44
白書　49
パブリックスピーキング　178
凡例　68
ヒストグラム　63
評価表　187
評判プレッシャー　163
比例尺度　59
ファシリテーター　125, 126, 177
フェースブック　52
付箋　145
物理図解　75
振り返り　99, 143
ブレークスルー　96
ブレーンストーミング　116, 136
ブレーンライティング　137
ブログ　52
プロトタイプ　142, 151, 153
分割表　59
ペイオフマトリクス　141
棒グラフ　62
放送　49
ポートフォリオ　105

●ま行
マインドフルネス　103
マトリックス図　117
満足度　184
名義尺度　58
命題　89

メタ認知　104
メタファー　114, 115
メトニミー　115
目的　16
目的達成　184
目標　16
問題　16
問題定義　153

●や・ら・わ行
矢印　79
有用性　152
要素　87
リーダーシップ　193
利得表　187
リフレクション　99
量的データ　58
ルーティン　30
レーダーチャート　68
歴史　193
レビュー　183
連関図法　118
連想マップ　113
論理図解　75
ワークショップ　123, 126
ワークショップデザイナー　131, 145
ワークショップの準備　134
ワールドカフェ　139

●数字・欧文略語
2・6・2の法則　129
5W1H　27, 179
6W1H　27
6W2H　27
6W3H　27
J. カバット・ジン＊　103

索引

LP　190
OR　185, 190
PDCAサイクル　30
S.M.A.R.T.　36
WEB　52

分担執筆者紹介

門奈　哲也（もんな・てつや）　　　　　・執筆章→10・11・12

1965年　静岡県に生まれる
　　　　放送大学教養学部産業と技術専攻卒業
　　　　産能大学大学院経営情報学研究科経営情報学専攻修了
　　　　千葉工業大学大学院工学研究科博士後期課程経営工学専攻修了，博士（工学）
　　　　サッポロビール株式会社技術開発部グループリーダー等を経て
現在　　国立研究開発法人産業技術総合研究所安全科学研究部門総括研究主幹
専攻　　技術経営，環境マネジメント
主な著書　ライフサイクルコスティング（共著，日科技連出版社）
　　　　プラスチック包装材料規制と製品開発最前線（共著，情報機構）
　　　　技術経営の考え方（共著，放送大学教育振興会）
　　　　入門ライフサイクルコスティング（共著，日科技連出版社）
　　　　2013年日本の包装産業出荷統計解説（共著，日本包装技術協会）
　　　　カラー版『ビールの科学　麦芽とホップが生み出す「旨さ」の秘密』（共著，講談社）

編著者紹介

秋光　淳生（あきみつ・としお）

・執筆章→1・2・3・5・8・13

1973年　神奈川県に生まれる
　　　　東京大学工学部計数工学科卒業
　　　　東京大学大学院工学系研究科数理工学専攻修了
　　　　東京大学大学院工学系研究科先端学際工学中退
　　　　東京大学先端科学技術研究センター助手等を経て
現在　　放送大学准教授・博士（工学）
専攻　　数理工学
主な著書　情報ネットワークとセキュリティ（共著，放送大学教育振興会）
　　　　　データの分析と知識発見（単著，放送大学教育振興会）
　　　　　遠隔学習のためのパソコン活用（共著，放送大学教育振興会）

柴山　盛生（しばやま・もりお）

・執筆章→4・6・7・9・14・15

1951年	神奈川県に生まれる
1977年	東京大学大学院工学系研究科修士課程修了
	文部省
	放送教育開発センター助教授
	国立特殊教育総合研究所総合企画調整官
	国立情報学研究所准教授を経て
現在	放送大学客員准教授
専攻	情報システム学・技術経営・創造性人材開発
主な著書	心身障害児教育（新学校教育全集19，分担執筆，ぎょうせい）
	日本の企業と大学における研究開発活動（第8回欧州創造と革新大会論文集，共著，ドイツ大学出版（ドイツ））
	問題解決の発想と表現（共著，放送大学教育振興会）
	情報社会を知るためのオープンソース入門（共著，青山社）
	問題発見と解決の技法（共著，放送大学教育振興会）
	技術経営の考え方（共著，放送大学教育振興会）
	問題解決の進め方（共著，放送大学教育振興会）
	日本の技術・政策・経営（共著，放送大学教育振興会）

放送大学教材　1140051-1-1911（テレビ）

新訂　問題解決の進め方

発　行	2019年3月20日　第1刷 2023年8月20日　第3刷
編著者	秋光淳生・柴山盛生
発行所	一般財団法人　放送大学教育振興会 〒105-0001　東京都港区虎ノ門1-14-1　郵政福祉琴平ビル 電話　03（3502）2750

市販用は放送大学教材と同じ内容です。定価はカバーに表示してあります。
落丁本・乱丁本はお取り替えいたします。

Printed in Japan　ISBN978-4-595-31955-6　C1355